礼敬孝道

让《孝经》点亮你的心灯

苗德乾 著

红海日报出版社

图书在版编目（CIP）数据

礼敬孝道：让《孝经》点亮你的心灯 / 苗德乾著. --
北京：经济日报出版社, 2021.7
　　ISBN 978-7-5196-0916-0

　　Ⅰ.①礼… Ⅱ.①苗… Ⅲ.①家庭道德–中国–古代
Ⅳ.①B823.1

中国版本图书馆 CIP 数据核字（2021）第 172103 号

礼敬孝道：让《孝经》点亮你的心灯

作　　者	苗德乾
责任编辑	王　含
责任校对	蒋　佳
出版发行	经济日报出版社
地　　址	北京市西城区白纸坊东街 2 号（邮政编码：100054）
电　　话	010-63567684（总编室）
	010-63584556　63567691（财经编辑部）
	010-63567687（企业与企业家史编辑部）
	010-63567683（经济与管理学术编辑部）
	010-63538621　63567692（发行部）
网　　址	www.edpbook.com.cn
E - mail	edpbook@126.com
经　　销	全国新华书店
印　　刷	成都兴怡包装装潢有限公司
开　　本	880mm×1230mm　1/32
印　　张	8.00
字　　数	300 千字
版　　次	2021 年 7 月第一版
印　　次	2021 年 7 月第一次印刷
书　　号	ISBN 978-7-5196-0916-0
定　　价	58.00 元

自序：礼敬中华传统美德

国家《新时代公民道德建设实施纲要》指出："中华文明源远流长，孕育了中华民族的宝贵精神品格，培育了中国人民的崇高价值追求。""中华传统美德是中华文化精髓，是道德建设的不竭源泉。要以礼敬自豪的态度对待中华优秀传统文化，充分发掘文化经典、历史遗存、文物古迹承载的丰厚道德资源，弘扬古圣先贤、民族英雄、志士仁人的嘉言懿行，让中华文化基因更好植根于人们的思想意识和道德观念。深入阐发中华优秀传统文化蕴含的讲仁爱、重民本、守诚信、崇正义、尚和合、求大同等思想理念，深入挖掘自强不息、敬业乐群、扶正扬善、扶危济困、见义勇为、孝老爱亲等传统美德，并结合新的时代条件和实践要求继承创新，充分彰显其时代价值和永恒魅力，使之与现代文化、现实生活相融相通，成为全体人民精神生活、道德实践的鲜明标识。""通过多种方式，引导广大家庭重言传、重身教，教知识、育品德，以身作则、耳濡目染，用正确道德观念塑造孩子美好心灵；自觉传承中华孝道，感念父母养育之恩、感念长辈关爱之情，养成孝敬父母、尊敬长辈的良好品质；倡导忠诚、责任、亲情、学习、公益的理念，让家庭成员相互影响、共同提高，在为家庭谋幸福、为他人送温暖、为社会作贡献过程中提高精神境界、培育文明风尚。"

"孝道"是中华民族一颗闪烁人伦之光的璀璨明珠，几千年来，代代相传，熠熠生辉！对新时代公民道德建设，将发挥其不可替代的作用。《孝经》正是宣扬中华孝道的经典之作。据班固《汉书·艺文志》记载："《孝经》者，孔子为曾子陈孝道也。"《孝经》是儒家十三经之一。中国历朝历代，都曾宣称以孝治天下，以汉朝最盛。汉武帝在文帝建立的察举选贤制度中，增加了岁举孝廉的科目，每年各郡国都要向中央推荐孝亲敬老的典范和廉洁奉公的楷模到中央政府做官。唐玄宗李隆基曾亲自为《孝经》作注，在开元、天宝年间，两度颁行天下，并于天宝二年（公元 743 年）刻石于太学，称为《石台孝经》。历史上，为《孝经》作注疏的如汉代的孔安国、宋代的邢昺、朱熹等不下百人。到了清朝更有顺治、雍正两位皇帝为《孝经》作注，亦颁行天下。由此可见，《孝经》在中华文明史上，曾发挥过多么重要的作用，产生过极其深远的影响。

《孝经》虽然离我们很久远，但孝心基因仍流淌在每一位炎黄子孙的血液里，当务之急是要把它激活。为此，我将以《孝经》为主线，穿起中华文明史上令人敬仰的圣贤故事，连接当代感动中国人物、道德模范、最美孝亲少年等鲜活的人物，生动地讲好中国故事，为新时代公民道德建设尽微薄之力。

由于本人才疏学浅，书中的不当之处在所难免，重在抛砖引玉，就教于国内外的专家学者，同时也请广大读者朋友多多批评指正。

2020 年金秋

引论：孔子穿越时空的亟盼

孔子是我国伟大的教育家、思想家和儒家学说的创始人。孔子作为中华民族历史上第一大圣人，乃至全世界景仰的历史文化名人，在他之前，他是中国两千五百年历史文化的集大成者；在他之后，他是中国两千五百年历史文化的开创者。两千多年来，儒家思想对中华民族的影响不仅体现在政治、文化等方面，也体现在炎黄子孙的日常生活和思维方式之中。儒家思想对于增强中华民族的凝聚力，使这个伟大民族在五千年文明发展历史中屹立于世界之巅发挥了巨大的作用。

在孔子生活的春秋时期，礼崩乐坏，诸侯争霸，争战不断，生命涂炭！孔子怀着满腹的文韬武略，期望救国救民，普济苍生。他带着弟子们周游列国，却得不到各个诸侯国国君的重用，不能施展他扭转乾坤的伟大抱负。但他历经磨难，不坠青云之志。在《论语·子罕第九》中，孔子就自信的喊出"文王既没，文不在兹乎？"意思是说：周文王之后，尧舜禹汤、文武周公的礼乐文化等圣贤之道，不都体现在我的身上吗？充分表明了孔子对于中华文化传承的责任感和使命感。在他周游列国流离颠沛十几年，终于回到了父母之邦鲁国，之后就着手完成他的历史使命。《孝经注疏》（唐玄宗注，宋邢昺疏）序（二）中的这段文字，为我们作了提纲挈领的描述：

夫《孝经》者，孔子之所述作也。述作之旨者，昔圣人蕴大圣德，生不偶时，适值周室衰微，王纲失坠，君臣僭乱，礼乐崩颓。居上位者赏罚不行，居下位者褒贬无作。孔子遂乃定礼、乐，删《诗》、《书》，赞《易》道，以明道德仁义之源；修《春秋》，以正君臣父子之法。又虑虽知其法，未知其行，遂说《孝经》一十八章，以明君臣父子之行所寄。知其法者修其行，知其行者谨其法。

这段话告诉我们，《孝经》是孔子所作。那么孔子为什么要作《孝经》呢？他作《孝经》的宗旨是什么呢？在中华民族的历史上，尧舜禹汤、文武周公这些历代伟大的圣人，他们的思想体现在治国理政中，蕴涵着至高无上的道德和辉煌璀璨的智慧。可惜孔子生不逢时，恰恰遇到了周朝王室衰落，天子的纲纪丧失，诸侯及大臣不守本分，礼崩乐坏，赏罚不明，是非颠倒，政令不通。孔子有心继承弘扬圣贤之道，但自己的政治主张和治国方略却得不到各诸侯国当政者的重视。无奈之下回到鲁国，整理编订《礼》《乐》制度，删订《诗经》《尚书》，为《周易》作传，阐明道德仁义之源，修订《春秋》，端正君臣、父子的地位。又考虑到人们虽然知道君臣、父子之道，但不知道怎么去力行，于是作《孝经》一十八章，明确君臣、父子的行为规范。让明白君臣、父子之道的人以此去认真地身体力行，让能够身体力行的人懂得其中蕴涵的君臣、父子之道。《孝经》就是在这种情况下诞生的。

在清朝雍正皇帝所作的御制《孝经》序中，对《孝经》的作用和意义作了进一步的阐发：

《孝经》者，圣人所以彰明彝训，觉悟生民。溯天地之性，则知人为万物之灵；叙家国之伦，则知孝为百行之始。人能孝於其亲，处称惇实之士，出成忠顺之臣。下以此为立身之要，上以此为立教之原，故谓之"至德要道"。自昔圣帝哲王，宰世经物，未有不以孝治为先务者也。

雍正皇帝这段序文的意思是：《孝经》这部经典，是圣人用来昭示教诲后人，使人们能够觉悟明白，追溯天地以好生之德而生养万物，其中人是最尊贵的，故人为万物之灵；谈论国家和家庭的人伦道德，就会明白人的各种行为是从孝敬父母开始的，所以说百善孝为先。人能孝敬自己的父母，居家过日子称得上是个敦厚笃实的孝子，出去做官能够成为忠君爱民的好官。身居下位的臣民百姓，把孝道作为立身处世的根本；身居高位的帝王君主，把孝道作为修己化人、形成良好社会风尚的不竭源泉。所以，圣人把孝道称之谓至善至美的德行，至关重要的大道。自古以来圣明的君王治国安邦，没有不把以孝治国作为第一要务的。

中国近代以来，由于国人失去了文化自信，加之"文化大革命"十年浩劫，对中国优秀传统文化毁灭性的摧残，使孔子及其学说蒙垢蒙羞，与民众渐行渐远，孔子用心良苦、辛勤耕耘的孝道文化家园，荒芜日久，亟盼阳光雨露滋润家园。

改革开放使古老的中华民族焕发出勃勃生机，中国进入新时代，吹响了中华民族伟大复兴的进军号角，国家《新时代公民道德建设实施纲要》要求："自觉传承中华孝道，感念父母养育之恩、感念长辈关爱之情，养成孝敬父母、尊敬长辈的良好品质；倡导忠诚、责任、亲情、学习、公益的理念，让家庭成员相互影响、共同提高，在为家庭谋幸福、为他人送温暖、为社会作贡献过程中提高精神境界、培育文明风尚。"在两千五百多年以后的今天，很好地回应了孔子及古圣先贤们穿越时空的亟盼……

目 录
CONTENTS

第一章　开宗明义：一"孝"立而百善从 …………………… 001

一、生命教育：身体发肤，受之父母，不敢毁伤 ……… 002

二、感恩教育：立身行道，扬名于后世，以显父母 …… 007

三、忠诚教育：爱国爱家，和谐社会 ………………… 010

四、理想信念教育：崇尚至德要道，实现天下和顺 …… 013

第二章　天子之孝：大爱无疆，万民榜样 …………………… 017

一、天生万民，天子爱民，得民心者得天下 ………… 021

二、孝敬自己的父母，进而爱天下百姓 ……………… 025

三、天子法天行仁，仁德化育人民 …………………… 027

第三章　诸侯之孝：居上不骄，保国安民 …………………… 032

一、心存敬畏，恪守本分 ……………………………… 033

二、仲尼之门，五尺童子羞称"五伯" ………………… 035

三、位高权重，骄奢必败 ……………………………… 037

第四章　卿大夫之孝：谨守法度，忠心耿耿 …………… 040
　　一、守规矩，尊法度 ………………………… 041
　　二、随心所欲而不逾矩 ……………………… 044
　　三、夜以继日，忠心耿耿 …………………… 046

第五章　士子之孝：心存爱敬，不辱使命 …………… 049
　　一、父母之爱，滋养士子成为君子 ………… 050
　　二、家、国一体，成就仁人志士 …………… 056
　　三、当代士子——无愧于时代的民族脊梁 ……… 059

第六章　庶民之孝：万民行孝，天下康宁 …………… 062
　　一、天生民，民贵敬畏与勤奋 ……………… 062
　　二、民为本，本固天下宁 …………………… 065
　　三、孝无终始，道不远人 …………………… 068

第七章　"三才"天地人　孝道是根本 …………… 071
　　一、孝亲尊长，天经地义 …………………… 073
　　二、以孝化人，不肃而成 …………………… 077
　　三、圣人教化，博大精深 …………………… 079

第八章　孝治天下　四海昌盛 …………… 087
　　一、孝治天下，尊重每一个人 ……………… 088
　　二、以孝设教，层层递进 …………………… 091
　　三、天下为公，四海昌盛 …………………… 095

第九章　圣治天下　气正风清 ················· 098

一、圣人降临：禀于天地，成于孝悌 ············· 100

二、圣人之教：慎终追远，民德归厚 ············· 103

三、圣人之治：君子务本，本立而道生 ··········· 107

四、圣人之路：道不同，不相为谋 ··············· 111

五、圣人贵品：做君子，重德义 ················· 115

六、圣人重续：不孝有三，无后为大 ············· 122

第十章　孝子孝行　铭记心中 ················· 126

一、孝道的"知"与"行" ······················ 127

二、孝子事亲有"五致" ······················· 129

三、孝子守身必"三除" ······················· 140

第十一章　不孝是最大的犯罪 ················· 143

一、非毁圣人者必亡 ························· 146

二、父母得不到赡养，是社会最大的痛 ··········· 155

三、"爱聚孔子故里"，重塑"礼义之邦"的道德高地 ··· 159

第十二章　孝悌礼乐　要道宽阔 ················· 162

一、孝悌让人相亲相爱 ······················· 163

二、"礼""乐"构建和谐社会 ··················· 164

三、敬长、敬老，拓展人伦大道 ················· 167

第十三章　恺悌君子　仁德治国 ················· 174

一、在天曰"道"，在人称"德" ················· 175

二、恺悌君子，民之父母 ····················· 179

三、共产党人，人民的儿子 ··················· 182

第十四章　忠臣孝子名扬千古 ························· 184

一、志士仁人，青史留名 ························· 184

二、忠臣必出于孝子之门 ························· 187

三、内修仁德，名扬四海 ························· 193

第十五章　忠臣孝子　谏诤担道义 ················· 197

一、历史上对孝道的偏离 ························· 198

二、孝子劝谏双亲：怡吾色，柔吾声 ········· 203

三、君子担道义，谏君保至尊 ················· 207

第十六章　孝感天地　天佑中华 ················· 213

一、敬畏天地，孝敬双亲 ························· 214

二、"天人感应"，助君爱民 ················· 216

三、思亲祭祖，培根固本 ················· 218

第十七章　君仁臣忠　君安臣荣 ················· 227

一、士大夫的独立人格 ························· 227

二、为国为民，忠心耿耿 ················· 229

三、明君贤臣，相辅相成 ················· 231

第十八章　生事爱敬　死事哀戚　孝行圆满 ········· 234

一、哀痛——骨肉亲情的自然流露 ········· 235

二、丧礼——维护逝者尊严的重要仪式 ········· 237

三、追思——薪火相传的死生大义 ········· 239

后　记 ························· 245

第一章
开宗明义：一"孝"立而百善从

《孝经·开宗明义章》

仲尼居，曾子侍。

子曰："先王有至德要道，以顺天下，民用和睦，上下无怨。汝知之乎？"

曾子避席曰："参不敏，何足以知之？"

子曰："夫孝，德之本也，教之所由生也。复坐，吾语汝。身体发肤，受之父母，不敢毁伤，孝之始也。立身行道，扬名于后世，以显父母，孝之终也。夫孝，始于事亲，中于事君，终于立身。《大雅》云：'无念尔祖，聿修厥德。'"

开宗明义章，是整部《孝经》的纲领，提出了孝经的宗旨，明确了做人的根本。

话说有一天，孔子闲居在家，他的弟子曾参陪在他的身边。孔子说："古代的圣王有一种至善至美的德行，有至关重要的大道。用它来治理天下，人民都能够和睦相处，上下无怨，心悦诚服。你知道吗？"

曾子听了连忙离开座位站起来，恭恭敬敬地向老师答道："学生曾参很愚笨，怎么能够知道这样深奥的道理呢？"

孔子说："这就是孝道。它是一个人德行的根本，也是教化得以实施的本源。你先坐下来，我慢慢地告诉你。一个人的身体四肢，毛发皮肤，都是父母给我们的，我们要保护好自己的身体，不要受到一点伤害，这是孝道的开始。人生在世，遵循仁义道德，有所建树，扬名于后世，从而使父母显赫荣耀，这是孝道的终极目标。所谓孝，最初从侍奉父母双亲开始，然后效力于国君，建功立业，最终功成名就。《诗经·大雅·文王》篇中说过："怎么能不怀念你的先祖呢？要好好修行，努力发扬光大先祖的传统美德啊！"

一、生命教育：身体发肤，受之父母，不敢毁伤

《孝经》一开篇就向我们提出了严肃的生命课题：我们从哪里来？是谁给予了我们生命？如何对待我们的生命？做父母的都体验过，当一个小生命经过母亲的十月怀胎，呱呱（gū gū）坠地，一家人是多么的欢天喜地！当孩子稍有伤风感冒、头痛脑热，一家人都如坐针毡、忧心忡忡。我们经常在医院小儿科看到这样的情景：一个孩子看病，身边围着爸爸、妈妈、爷爷、奶奶、姥姥、姥爷6个大人。孩子身上碰破一小块皮，大人们都会心疼不已；孩子在外面发生点什么事情，一家人都会寝食难安。

因此，无论在外面求学还是工作，不让父母为我们担忧是孝的真正开始。

孔子在《礼记·哀公问》中说：

> 君子无不敬也，敬身为大。身也者，亲之枝也，敢不敬与？不能敬其身，是伤其亲；伤其亲，是伤其本；伤其本，枝从而亡。

意思是：君子无处不恭敬，保重自己的身体是最重要的。因为自己的身体是父母生出的枝叶，敢不保重吗？不能保重身体，也就是伤害了父母的感情。伤了父母的心，也就是伤害自己的根本。伤害自己的根本，枝叶也就跟着枯萎了。

另据《礼记·祭义》记载：

> 乐正子春下堂而伤其足，数月不出，犹有忧色。门弟子曰："夫子之足瘳矣，数月不出，犹有忧色，何也？"乐正子春曰："善如尔之问也！善如尔之问也！吾闻诸曾子，曾子闻诸夫子曰：'天之所生，地之所养，无人为大。'父母全而生之，子全而归之，可谓孝矣。不亏其体，不辱其身，可谓全矣。故君子顷步而弗敢忘孝也。今予忘孝之道，予是以有忧色也。"

用现在的话说，曾子的弟子乐正子春下堂时，不小心扭伤了脚，好几个月没有出门，伤虽已养好，但还是很忧伤的样子。他的弟子问道："老师的脚伤已经好了，为什么还这样忧伤呢？"乐正子春说:"你问的太好了!你问的太好了!我听老师曾子说过,而老师也是从他的老师孔子那儿听到的,孔子说:'天之所生,地之所养,没有比人更尊贵的了。'父母给了我们一个完整的身体,我们也要把身体完整地还给父母,这才叫孝。不使身体受到损伤,不使名声受到玷污,这才叫完整。所以君子抬腿动脚都不敢忘记孝道。我扭伤了脚,是忘了孝道的表现,所以我仍然很忧伤啊!"

在我少不更事的时候,听到"身体发肤,受之父母,不敢毁伤"总觉得有点小题大做,感到好笑。当自己做了父母,对孩子一颦一笑、伤风感冒都牵肠挂肚,认真思考起来,才理解《孝经》上的这句话十分深刻。在中国古代,有一种刑罚叫髡(kūn)刑:剃光犯人的头发和胡须,以人格侮辱的方式对犯人实施惩罚。满清部落首领进入关内后,多次颁布"剃头令":对被征服的汉人一律强令改变发式。顺治二年的六月十五日,福临再次颁布"剃头令":京城内外,限 10 日;各省自诏令到达之日算起,亦限 10 日,官军、民众一律剃发,迟疑者按逆贼论,定斩不饶!满清朝廷把剃发作为归顺的标志之一,口号是:"留头不留发,留发不留头。"

在"文化大革命"十年浩劫中,许多老一辈革命家和知识分子,被造反派剃成"阴阳头",游街示众,进行人格上的侮辱。由此可见,一根根细细的发丝,有时关系到你的尊严甚至生命!

现在我们生活好了,就更注重发型和仪表,因为它能充分展现一个人的生活状态和精神风貌。总之,身体健康,仪态端庄,奋发有为,阳光向上,对于每一个人来说,都十分重要。我们常说，身体是"1"，家庭、事业、成就都是加在一后面的"0"，身体越健康，后面的"0"越多，价值越大。反之，身体这个"1"出了问题，后面再多"0"也没有意义。

通过这种历史回顾和深刻反省，我们还敢对"身体发肤，受之父母，不敢毁伤"冷嘲热讽吗？所以，《孝经》的生命教育，意义重大。

在对生命意义深入的思考中，我灵感乍现，写了下面这篇小文章，现分享给尊敬的读者朋友们：

生命的真谛在于崇高

生命的真谛是什么？

当年轻的母亲看到她可爱的宝宝甜美的微笑，听到宝宝奶声奶气的喊出第一声"妈妈"的时候，她是否把十月怀胎、一朝分娩的苦痛和育儿的辛劳抛到了九霄云外，而沉浸在无比的幸福之中？

当你魂牵梦萦、苦苦爱恋的心上人，附在你的耳旁，悄悄地对你说"我爱你"的时候，你是否顿时会心花怒放，甘愿为她赴汤蹈火，甚至牺牲生命也在所不辞？

当电影《英雄儿女》中的王成，在生命的最后一刻，高喊："为了胜利，向我开炮"响彻山谷的时候，他是否感到了生命无憾，无上荣光？

林巧稚用毕生精力，接生了5万多个婴儿。她每年都会在产房过生日。"我到产房过生日更有意义，我为难产的孕妇接生，当小宝宝在我生日的时候降临人世，那'哇哇'的啼哭声，是人类最动听的生命赞歌。对我来说，那是最好不过的生日礼物。"林巧稚如是说。尽管她一辈子没有结婚，自己没有一个儿女，却被国人尊为"万婴之母"。被授予中华人民共和国建国七十周年"最美奋斗者"的光荣称号。如果她在地下有知，是否也会含笑九泉？

我是个平凡的普通人，每当遇到老大爷装满货物的三轮车，上坡十分吃力时，我也会搭把手，帮他把车子推上去。当我看到老大爷回头充满感激的目光时，我的心里也美滋滋的。每当我看到七八十岁的老奶奶还在卖菜，我就上前专门去买她的菜，嘱咐她零钱不用找了。当我听到老奶奶连声道谢时，我的心里也非常舒坦。

2019年共青团襄阳市委联合《楚天都市报》号召帮扶贫困大学生，按他们规定的标准，我捐出5000元帮扶谷城县的高考状元，同时赠予她我新出版的《亲近孔子》一书，希望她牢记圣贤的教诲，修养身心，刻苦学习，将来成为一位品学兼优的栋梁之材。这位大学生经常通过微信，和我交流学习心得和成长的点点滴滴，放假还过来跟我一起，带我帮扶的孤贫宝贝游唐城，玩游戏，传递爱心，我心里感到非常欣慰。

我帮扶的孤贫宝贝今年10岁，5年前他爸爸生意失败，自杀身亡，她妈妈抛弃女儿，整整5年，杳无音信。宝贝跟着70多岁且身患多种疾病的爷爷、奶奶，他们三个人每个月靠1100多元的低保金艰难度日。我了解到国家去年出台了"事实孤儿"生活补贴的政策，从去年10月份开始，就帮他们跑民政部门，了解具体办理的手续；跑《襄阳晚报》登"寻人启事"，寻找宝贝的妈妈；跑公安派出所，申请出具她妈妈的"失联证明"；跑街道办事处、社区居委会，把所有的手续办理齐全，最后终于帮宝贝申请到了每月1380元的生活补贴，缓解了他们家生活的经济状况。每两个星期我尽量陪伴宝贝到游乐园、动物园、科技馆、展览馆、图书馆等场所游玩、学习、游戏；经常辅导、督促她学习，互相交流；逢年过节给宝贝发红包、买礼物，做宝贝的贴心爷爷。功夫不负有心人，我的付出，得到了他们全家的高度认同，把我当作他们的亲人。我更加乐此不疲，收获了快乐，也升华了生命。

其实，我们的古圣先贤早就给我们做出了典范。孔子在《礼记·礼运·大同》中教导我们说："大道之行也，天下为公。选贤与能，讲信修睦，故人不独亲其亲，不独子其子，使老有所终，壮有所用，幼有所长，矜寡孤独废疾者皆有所养。"人只有在关爱他人，帮助需要帮助的弱势群体，把自己的生命融入到更多人的生命之中，人的生命才能得到升华，才能实现崇高。这或许就是生命的真谛。

二、感恩教育：立身行道，扬名于后世，以显父母

父母给了我们生命，养育我们长大成人，我们报答他们天经地义。就像台湾有首歌叫《酒干倘卖无》所唱的那样："没有天哪有地，/没有地哪有家，/没有家哪有你，/没有你哪有我。/假如你不曾养育我，/给我温暖的生活；/假如你不曾保护我，/我

的命运将会是什么？／是你抚养我长大，／陪我说第一句话，／是你给我一个家，／让我与你共同拥有它……"

那么，我们该如何报答父母呢？

公曰："敢问何谓成亲？"孔子对曰："君子也者，人之成名也。百姓归之名，谓之君子之子。是使其亲为君子也，是为成其亲之名也已！"（《礼记·哀公问》）

鲁国的国君鲁哀公问孔子："什么叫做成就父母双亲的美名呢？"孔子回答说："所谓'君子'，是人们对品德高尚的人的一种美称。老百姓对为人民做了好事的人都非常爱戴，一般会认为是好的父母养育出了好的儿子，就会称他们为'君子之子'，这也就使他们的父母成为了君子，为父母争得了美名。"

《孝经》这一章也说的很清楚——"立身行道，扬名于后世，以显父母。"立身行道，犹如《论语·为政》中孔子所说的那样："吾十有五而志于学，三十而立……"随着我们渐渐长大，我们要立志向学，充实完善自己，修养高尚的道德品质，练就一身过硬的本领，使自己在社会上有一席立足之地。立身然后行道，与我们每个人最贴身、最贴心的就是行孝道。父母生下我们，养育我们，同我们有着天然的骨肉亲情。从我们懂事的那一天开始，父母就是我们的保护神，是我们心目中顶天立地的英雄。我们打心眼里就想对父母好。中央电视总台主办的"寻找最美孝心少年"大型公益活动，从2013年4月18日启动，到2019年已经办了7届，每年都要从成百上千的孝心少年中评选出"十佳最美孝心少年"。在这些"最美孝心少年"中，山东蓬莱的小姑娘孙美平，5岁时妈妈因车祸高位截瘫并失去记忆，她每天从幼儿园老师那里学了什么，回到家里，一样一样地教给妈妈，给妈妈当起了小老师。一年多时间就唤醒了妈妈的记忆。稍微长大一点，还会给妈妈做饭做菜，伺候妈妈。她每天还抽时间到爷爷家，教因脑出血卧床的爷爷数数和玩游戏，她说就像小时候爷爷教她那样。小小年纪，这一坚持就是6年，感人至深。

上海少年隋翼远，在他12岁时妈妈不幸得了一种最凶险的白血病，唯一能挽救妈妈生命的就是骨髓移植。但中华骨髓库配型无果，亲属之间配型均不理想，只有他与妈妈的配型相似度达到99%。他仿佛一夜之间长大了许多，积极主动地要为妈妈移植骨髓。成年人抽取骨髓一般3个小时就可以了，由于翼远年龄小骨髓少，用6个小时抽的还不够，第二天还要接着抽。他忍受着钻心的疼痛，坚强做完了移植手术。但没过多久，妈妈的病再次复发，翼远又顽强地给妈妈做第二次移植。妈妈的身体一天天好起来，翼远的脸上也挂满了微笑。

这就是力行孝道，感恩父母。当然还远不止于此。从对父母的孝，升华为对他人的爱，更进一步升华为为人民谋幸福，为民族谋复兴。人民和民族就会记住这些响亮的名字，让他们青史留名。父母也会为他们感到骄傲和自豪。总体上说，中国的父母，心里装的都是儿女，为儿女之忧而忧，为儿女之乐而乐，儿女有了成就，为社会做出了较大贡献，父母会觉得自己脸上有光，很满足，很幸福，很荣耀。这也被视作是儿女对父母最大的孝敬，最好的感恩。

三、忠诚教育：爱国爱家，和谐社会

《孝经》中孔子讲先王、明王和圣人，一般是指中华民族历史上的尧、舜、禹、汤，周文王、周武王和周公等人。特别是尧、舜时期，大道之行，天下为公，帝王禅让，天下大同。孔子推崇备至，希望那样的太平盛世重回人间。

史家公认，孔子志在《春秋》，行在《孝经》。志在《春秋》，就是孔子编定史书《春秋》，寓微言大义于历史事件之中，体现出来的褒善贬恶的政治理性，成为后世所崇尚的"春秋大义"。希望借此提供历史经验，警戒后人。据司马迁《史记·孔子世家》记载："《春秋》之义行，则天下乱臣贼子惧焉。""春秋大义"惩恶扬善，震慑了乱臣贼子，弘扬了社会正气，显现了文化的力量。

谈到这里，我们就不能不说一个人，他就是秦始皇。一般人都认为，在中国历史上，秦始皇有很大的功绩，如统一六国；车同轨，书同文等。包括很多弘扬中华优秀传统文化的同仁也有这样的认识，迷惑了很多人。接下来我们就来深入分析一下秦始皇的千秋功罪。

先来说说秦始皇统一中国这件事。其实我们的古圣先贤，自古以来就有"大一统"的"天下观"。

《尚书·尧典》考察上古之事，明确帝尧的名字叫放勋，他敬天爱人，明察秋毫；初创华夏文明，凝思道德人伦；善理天下，温和宽容；恪尽职守，天下为公；光辉普照四方，德耀天地神明；能彰明自己的美德，让九族亲密和睦；通过特定的政治程序，辨别彰明众多诸侯邦国，和谐万邦，使天下民众因此友好和睦起来，从而缔造了一个有效的治理共同体——华夏一统天下。

"普天之下，莫非王土；率土之滨，莫非王臣"。（《诗·小雅·北山》）

《诗经》的这几句诗说：普天之下哪块地，不是周王的领土？四海之内哪个人，不是周王的臣仆？

这些史料告诉我们，在尧、舜时代直至周朝，早已形成了华夏大一统天下，分裂只是暂时的，统一是必然的。如果没有秦始皇统一六国，汉刘邦也照样可以统一天下。所以，秦始皇的这一大功绩是立不起来的。

再说说车同轨，书同文。这仅仅是在"术"的层面，做的具体事情而已。一个时代有一个时代的交通工具，一个时代有一个时代的书写文字，今天的人们，不会再用秦始皇的木轮车作为交通工具，也不会再用秦朝的小篆作为书写的文字。可见，这也称不上是什么了不起的功绩。

秦始皇对中华文明的打击，可称得上是毁灭性的！中国历来对一个政权用"王道"或"霸道"作为评判标准。王道：仁德治国，近者悦，远者来，人民安居乐业，天下太平；霸道：恃强凌弱，残酷统治，民不聊生，生命涂炭。《孟子·齐宣王》中有云："贼仁者谓之贼，贼义者谓之残。"秦始皇"焚书坑儒"，毁灭文明；贼仁贼义，民怨沸腾，使中华文明遭遇了空前的大劫难。《史记·陈涉世家》中陈胜喊出："天下苦秦久矣!"导致陈胜、吴广率领农民揭竿而起，刘邦、项羽等群雄逐鹿，最终推翻暴虐的秦王朝，使这个不可一世的霸道帝国，仅仅维持了 15 年，短命而亡。

孔子行在《孝经》，是说孔子用一生的不懈努力，树立了孝的典范。"夫孝，始于事亲，中于事君，终于立身"。事亲，就是侍奉父母双亲；立身，就是立足社会，造福人民。这里重点谈谈事君，当时所谓的君，既包括君临天下的天子，也包括诸侯国的国君，放大来说就是天下国家。孔子把孝亲推广开来，延伸到忠君。当然，孔子提倡的忠君，就是要忠于像尧舜禹汤、文武周公那样心里装着老百姓的明君。像夏桀王、殷纣王那样的无道昏君，只有发动汤武革命，把他们赶下历史的舞台。

定公问："君使臣，臣事君，如之何?"孔子对曰："君使臣以礼，臣事君以忠。"（《论语·八佾第三》）

鲁国的国君定公，问孔子君臣相处之道：国君应该如何对待大臣？大臣应该怎样回报国君？孔子很恭敬地告诉鲁定公：国君如果按照礼制的规定尊重大臣，大臣就会尽职尽责、忠心耿耿地回报国君。

中华民族历史上的志士仁人，都把忠君爱国，为国效力，作为自己的伟大使命。孔子为我们提供了行之有效的人生指引。他教化民众，从最基础的"孝悌"做起，孝敬父母，尊敬师长，进而扩展到社会，由在家尽孝，到为国尽忠，受益全社会，造福老百姓。今天，许多感动中国人物，道德模范都为我们树立了榜样。许多人还出席了新中国成立 70 周年天安门的大阅兵，得到了党和国家领导人的亲切接见。

四、理想信念教育：崇尚至德要道，实现天下和顺

孔子向曾子传《孝经》，开宗明义地提出了先王的"至德要道"，也就是"孝道"："夫孝，德之本也，教之所由生也。""孝"字，上面是个简化了的"老"字，下面是个"子"字，意思是孩子敬奉老子在上。汉代许慎的《说文解字》解释说："孝，善事父母者。"也就是能够和顺、尽心地奉养父母的人，称之谓孝。孔子为什么说"孝"是德行的根本呢？我们每个人都是父母所生，是父母给了我们生命，养育我们成人，没有父母就没有我们。我们尽自己的努力，小时候少让父母为我们担忧，长大了我们有饭吃也让父母有饭吃，我们有衣穿也让父母有衣穿，让父母快乐安心地生活，这是做人知恩报恩的起点，也叫知根知本。知道我们的根本是父母，父母的根本是父母的父母，以此类推。所以曾子曰："慎终追远，民德归厚矣。"（《论语·学而第一》）南宋理学家朱熹注释："慎终者，丧尽其礼。追远者，祭尽其诚。民德归厚，谓下民化之，其德亦归于厚。盖终者，人之所易忽也，而能谨之；远者，人之所易忘也，而能追之，厚之道也。故以此自为，则己之德厚，下民化之，则其德也归于厚也。"立德

树人，从根本上做起。根基牢固，才能建起万丈高楼，根深叶茂，才能长成参天大树。

孔子为什么又说"夫孝……教之所由生也"？这要从人性谈起。我们从小读《三字经》都知道"人之初，性本善"，这体现了孟子的"性善论"。《孟子·告子上》中提出人皆有"四心"：恻隐之心，羞恶之心，恭敬之心，是非之心；并将"四心"视为4个"善端"，以培养"四德"：仁、义、礼、智。孟子认为：恻隐之心体现的是"仁"；羞恶之心体现的是"义"；恭敬之心体现的是"礼"；是非之心体现的是"智"。将四端扩而充之，发展到完善的程度，人人都可以成为像尧、舜那样的圣人。

与孟子"性善论"不同，荀子于100多年之后提出了"性恶论"。

"人之性恶，其善者伪也。今人之性，生而有好利焉，顺是，故争夺生而辞让亡焉；生而有疾恶焉，顺是，故残贼生而忠信亡焉；生而有耳目之欲，有好声色焉，顺是，故淫乱生而礼义文理亡焉。然则从人之性，顺人之情，必出于争夺，合于犯分乱理，而归于暴。故必将有师法之化，礼义之道，然后出于辞让，合于文理，而归于治。"（《荀子.性恶》）

荀子认为：人的本性是恶的，善良的行为是人为的。人生下来就有喜欢利益之心，依顺这种本性，争夺就会产生，而谦让就会消失；人生下来就有妒忌憎恨之心，依顺这种本性，残杀陷害的行为就会产生，而忠诚守信的美德就会消失；人生下来耳朵就喜欢听奢靡之音，眼睛就喜欢看美艳之色，依顺这种本性，淫乱就会产生，而礼法就会消失。这样看来，放纵人的本性，依顺人的情欲，就一定会出现争夺，出现违背社会规范、扰乱社会秩序的行为，而最终导致暴乱。所以必定要有师长和法度的教化，礼义的引导，然后从谦让出发，遵守礼义法度，达到天下大治。

孟子的"性善论"和荀子的"性恶论"，都有其合理的成分，但似乎都又不能令人完全信服。当我们深入研究了汉代思想家董仲舒的"人性论"后，心中豁然开朗。

董仲舒认为：天有阴阳二气，人也是由阴阳二气组成的，人就相应的具有贪、仁之性。阳气为仁，阴气为贪。

"人之诚，有贪有仁。仁、贪之气，两在于身"。"天生民性有善质而未能善，于是为之立王以善之，此天意也。"（《春秋繁露·深察名号第三十五》）

董仲舒的"人性论"洞察到了人性中既存在善良仁爱的发端，也隐藏着贪婪罪恶的因子，这就需要圣王明君进行教化，使人性中善良的特质发扬光大，罪恶的因子得到有效的抑制。

至此，我们就可以回答孔子为什么说："夫孝，德之本也，教之所由生也。"孝具有人性中善良仁爱的特质，是德行的本源，是圣人教化最佳的切入点。我们比较一下中西文化的特点，考察这个教育过程，看最后达到一个什么样的结果。

美国等西方文化以"私""我"为本，与父母各自是独立的个体，在社会上以"精致的利己主义者"相标榜，美国在国际上奉行"美国优先"，不惜牺牲他国利益，经常发动战争，给全人类带来灾难，最终必然是众叛亲离，自取灭亡。

中国文化以"孝"为做人的根本，在家孝敬父母，出门尊敬师长。由亲及疏，由近及远，把对父母的这份孝心，转化成对社会大众的爱心。在更广阔的空间，提出"四海之内皆兄弟"，实现"天下大同"，给世界带来了和平与繁荣，得到全世界爱好和平国家和人民的高度认同和充分尊重。

中华孝道代代相传，做人首要的是树立高尚的品德。孔子的教学方法是因材施教，循循善诱。培养高尚品德从孝敬父母做起，激发出人的纯真天性，行稳致远。然后再放眼古代圣贤，立大志，干大事。孔子行的是圣贤大道，心中装的是全天下民众，关心的是孤、寡、贫民都能过上好日子。传承到孟子，一脉相承地提出："老吾老以及人之老，幼吾幼以及人之幼。"到宋代，范仲淹提出："先天下之忧而忧，后天下之乐而乐。"中华圣贤文化，生生不息，薪火相传。习近平新时代中国特色社会主义思想，发扬光大了中华智慧和共产党人全心全意为人民服务的宗旨，把人民群众对美好生活的向往作为自己的奋斗目标，建立人类命运共同体，实现全世界合作共赢，把人类的伟大理想，推向了一个新的阶段。

第二章
天子之孝：大爱无疆，万民榜样

《孝经·天子章》

子曰："爱亲者，不敢恶于人；敬亲者，不敢慢于人。爱敬尽于事亲，而德教加于百姓，刑于四海。盖天子之孝也。《甫刑》云：'一人有庆，兆民赖之。'"

《孝经》从这一章开始讲"五孝"，包括天子之孝、诸侯之孝、卿大夫之孝、士子之孝和庶人之孝。首先说的是古代最高领导人的孝道。孔子说："天子能够亲爱自己的父母，就不敢、更不会厌恶别人的父母；能够尊敬自己的父母，也不敢、更不会怠慢别人的父母。以赤诚的爱心和恭敬的态度，尽心尽力地侍奉父母双亲，做出表率，这种尽善尽美的德行就会感化黎民百姓，使天下百姓竞相效法。这就是天子之孝啊。《尚书·甫刑》里说：'天子一人有爱亲敬亲的好品行；天下亿万民众都仰慕依赖他。'"

"五孝"只有"天子章"开头有"子曰"，按照宋代注疏家邢昺的说法，这一个"子曰"，通"天子、诸侯、卿大夫、士、庶人"5章，所以后面几章开头的"子曰"就省略了。孔子作为"万世师表"、百代帝王之师，他最尊崇的圣王是帝尧、帝舜，最推崇的时代是尧、舜的"大同"盛世。

帝尧者，放勋。其仁如天，其知如神。就之如日，望之如云。富而不骄，贵而不舒。黄收纯衣，彤车乘白马。能明驯德，以亲九族。九族既睦，便章百姓。百姓昭明，合和万国。（司马迁《史记·五帝本纪第一》）

《史记》记载：帝尧，名字叫放勋。他仁德如天，智慧如神。接近他，就像太阳一样温暖；仰望他，如五彩祥云。他富有却不骄纵，尊贵却不傲慢。他头戴黄色的冠冕，穿着黑色的衣裳，乘坐着白马拉的红色车驾。他能发扬光大高尚的品德，使九族相亲相爱，让百官各司其职，对政绩突出的予以表彰。他治理天下呈现万邦融洽和谐的繁荣景象。

子曰："大哉尧之为君也！巍巍乎，唯天为大，唯尧则之。荡荡乎，民无能名焉。巍巍乎其有成功也，焕乎其有文章！"（《论语·泰伯第八》）

孔子说："真伟大啊！帝尧这样的君主。多么崇高啊！只有天最高最大，也只有帝尧才能效法天的高大。帝尧的恩德多么广大啊，百姓们真不知道该用什么语言来表达对它的称赞。他的功绩多么崇高，他制定的礼法制度多么光辉啊！"

帝尧的伟大，最重要的在于他的"天下为公"。他没有把天下作为自己一家一姓的天下，而是作为天下人的天下，天下为公，禅让天下。

尧曰："嗟！四岳：朕在位七十载，汝能庸命，践朕位？"岳应曰："鄙德忝帝位。"尧曰："悉举贵戚及疏远隐匿者。"众皆言于尧曰："有矜在民间，曰虞舜。"尧曰："然，朕闻之。其何如？"岳曰："盲者子。父顽，母嚚，弟傲，能和以孝，烝烝治，不至奸。"尧曰："吾其试哉。"于是尧妻之二女，观其德于二女。舜饬（chì）下二女于妫汭（guī ruì），如妇礼。尧善之，乃使舜慎和五典，五典能从。乃遍入百官，百官时序。宾于四门，四门穆穆，诸侯远方宾客皆敬。尧使舜入山林川泽，暴风雷雨，舜行不迷。尧以为圣，召舜曰："女谋事至而言可绩，三年矣。女登帝位。"舜让于德不怿（yì）。正月上日，舜受终于文祖。文祖者，尧大祖也。（《史记·五帝本纪第一》）

《史记》记载：尧帝说："唉！四岳：我在位已经70年了，你们谁能顺应天命，接替我的帝位？"四岳答道："我们的德行鄙陋得很，不敢玷污帝位。"尧帝说："那就从所有同姓、异姓、远近大臣及隐居者当中推举吧。"有人建议说："有个尚未娶妻的人在民间，叫虞舜。"尧帝说："对，我也听说过，他这个人怎么样？"四岳答道；"他是个盲人的儿子。他的父亲愚昧，母亲顽固，弟弟傲慢，而虞舜却能用孝悌亲和感化他们，把家治理好，使他们不至于走向奸恶。"尧帝说："那我就试试他吧。"尧帝就把自己的两个女儿嫁给虞舜，通过两个女儿来观察虞舜的道德品行。虞舜让他的两个妻子放下身段，在家中尽为人妻子和媳妇的本分。尧帝非常认同，就让虞舜担任司徒一职。虞舜小心谨慎地协调处理父亲讲道义、母亲讲慈爱、兄长友爱弟弟、弟弟尊敬兄长、儿女孝顺父母这 5 种人伦道德，人民很快都能够遵从并力行这些美德。尧帝又让虞舜参与百官事务，百官事务因此变得有条不紊。让舜在明堂四门接待天下来朝的宾客，四门的接待庄严肃穆，对诸侯及远方来宾都很恭敬。尧帝又派舜进入山野丛林大川草泽，遇上暴风雷雨，舜从不迷向误事。尧帝认为舜有圣德，把他召来说道："你谋划事务很周至，说过的话都能做到有实绩可考。已经三年了，你就登临帝位吧。"虞舜再三谦让，于第二年正月初一吉日，虞舜在文祖庙接受了尧帝的禅让。文祖也就是尧帝的太祖。

舜登上帝位后，重用了 22 位贤能的官员：

此二十二人咸成厥功：皋陶为大理，平，民各伏得其实；伯夷主礼，上下咸让；垂主工师，百工致功；益主虞，山泽辟；弃主稷，百谷时茂；契主司徒，百姓亲和；龙主宾客，远人至；十二牧行而九州莫敢辟违；唯禹之功为大，披九山，通九泽，决九河，定九州，各以其职来贡，不失厥宜。方五千里，至于荒服。南抚交址、北发，西戎、析枝、渠廋、氐、羌，北山戎、发、息慎，东长、鸟夷，四海之内咸戴帝舜之功。于时禹乃兴《九韶》之乐，致异物，凤皇来翔。天下明德皆自虞帝始。（《史记·五帝本纪第一》）

《史记》记载：这22人都功勋卓著：皋陶任大理之职，掌管处理刑法事务，审理案件公正，深受人们的尊敬；伯夷推行礼仪，使百姓能够知礼仪，懂谦让；垂任工师之职，管理百业百工，使能工巧匠们都能尽职尽责；益任虞官之职，管理山川河泽，使山林茂盛，湖泽丰饶，造福人民；弃任稷官之职，管理农业，使五谷丰登；契任司徒之职，管理官府教化，使朝廷官员都能与人为善，和睦相处；龙负责接待四方来宾，使远近诸侯年年来朝贡；虞舜设置12个地方官员，发布施政命令，天下九州政令畅通，大禹应居首功。他打通了9座高山，消除了9个湖泽的湖水泛滥，疏导畅通了9条大河，划定了9州边界，远近诸侯都按要求来朝贡，恰如其分。东西南北5000里的区域，南到交阯、北发，西到戎、析枝、渠廋、氐、羌，北到山戎、发、息慎，东到长、鸟夷，天下四方，无不颂扬舜帝的功德。大禹还创制《九韶》乐曲，歌颂舜帝的丰功伟绩。天降祥瑞，凤凰来兮。天下风正气清的德政从舜帝时代拉开了序幕。

帝舜传承弘扬了帝尧"天下为公"的崇高美德，他在声望誉满天下之时，推荐治水有功的大禹于天帝，禅让天下给大禹。17年后帝舜驾崩，大禹守丧三年，满丧之后登上天子之位，建立夏朝，中国进入了家族世袭的王朝时代。

一、天生万民，天子爱民，得民心者得天下

天子是中国古代天下的最高统治者，在我们现代人看来，他

有着至高无上的权力，似乎可以为所欲为。但我们通过历史文献典籍了解到，古代圣明的君王对做一个合格的天子有着明确的行为规范。

"天地之大德曰生，圣人之大宝曰位。何以守位？曰仁。何以聚人？曰财。理财正辞、禁民为非曰义。"（《周易·系辞下》）

《周易》这段话的意思是：天地最崇高的大德就是让万物生生不息；圣人的珍宝就是在人民心中赢得至高无上的尊崇地位。如何获得这种地位？就是用仁爱赢得人民的爱戴。怎样才能把民众凝聚起来？那就要靠财富。所以，创造和管理好财富，端正大众的言行，使人民能够分辨是非善恶，禁止民众做不该做的事，这就叫道义。

天生万民，谓之天民。天地之子，谓之天子。

天子者，爵称也。爵所以称天子者何？王者父天母地，为天之子也。（《白虎通义·爵》）

君王为天之子，民众为天之民，均对天承担有责任和义务。

上曰："朕闻之，天生蒸民，为之置君以养治之。人主不德，布政不均，则天示之以灾，以诫不治。"（《史记·孝文本纪》）

汉文帝说："我听说天生万民，为他们设置君主，来抚育治理他们。如果君主缺乏仁爱贤德，施政不公平，那么上天就会降下灾祸，警告君王没有做好。"

孟子更是大声疾呼："民为贵，社稷次之，君为轻"。（《孟子·尽心下》）历史也反复地告诫天下君王，得民心者得天下！

《史记·周本纪》记载：古公亶父（dǎn fǔ）是周文王的祖父，他继承了祖业后，重修祖先后稷、公刘的大业，积德行善，仁爱家国，受到了人民的拥戴。戎狄的薰（xūn）育族来袭扰百姓，抢夺财物，古公亶父就叫他们拿回去。薰育人得寸进尺，又来侵占土地和掠夺人口。激怒周人群情激奋，誓与薰育人决一死战！古公亶父说："民众拥立君主，是想让君主给大家谋幸福。现在戎狄前来侵犯，目的是为了夺取我的土地和民众。民众跟着我或跟着他们，有什么区别呢？民众为了我的缘故去打仗，我牺牲人家的父子兄弟来做他们的君主，我实在不忍心这样干。"古公亶父就带着家族的人离开了豳（bīn）地，乘船渡过漆水、沮水，翻过梁山，来到岐山下安定下来。豳邑全城百姓扶老携幼，跟着古公亶父来到岐山。邻国看到古公亶父这样被人爱戴，许多部落都投奔而来。古公亶父移风易俗，筑城建屋，划分不同的区域，让人民安居乐业。建立周国，设置司徒、司马、司空、司士、司寇等官职，来办理各种事务。民众都歌颂赞美他的恩德。

古公亶父之后，继任者是季历，也就是公季。公季发扬光大了古公亶父的家国大业，行仁施义，近者悦，远者来，天下诸侯都奔他而来。公季离世后，儿子姬昌继位，称为西伯，也就是后来的周文王，他更是继承发扬了后稷、公刘开创的基业，把古公亶父和公季的仁政，推行得更广泛和更深入人心。天下士人奔走相告，不期而至。当时名满天下的伯夷、叔齐，筹划着从孤竹国来投奔西伯；太颠、闳（hōng）夭、散宜生、鬻（yù）子、辛甲大夫等一大批贤人都投奔了西伯。

孔子曰："三分天下有其二，以服事殷。周之德，其可谓至德也已矣"（《论语·泰伯第八》）

孔子说："周文王当时已经得到了三分之二的天下，可仍然率领各国诸侯服侍殷纣王，周家的德行已经达到极致了。"

周文王之后，周武王继位。武王奉天命，顺民意，汇集天下八百诸侯，征讨荒淫无道的殷纣王，推翻了殷商王朝，实现了仁德传承的周朝帝王大业。谥号父亲为文王，尊崇追称古公亶父为太王。周朝长久地延续了800年，成为中国历史上最长久的王朝。《诗经·周颂·天作》颂曰：

原文	译文
天作高山	天赐圣地巍峨岐山
大王荒之	周朝基业太王拓展
彼作矣	万民筑室安居乐业
文王康之	文王仁德天下聚贤
彼徂矣	近悦远来人心思周
岐有夷之行	岐山大道越走越宽
子孙保之	子孙继贤世代相传

二、孝敬自己的父母，进而爱天下百姓

孔子认为，天子君临天下，应该像尧、舜那样，做天下人的表率。天子爱自己的父母，进而爱全天下的民众及其父母，那么老百姓不仅爱自己的父母，还会爱他人的父母；天子尊敬自己的父母，进而尊敬全天下人的父母，那么老百姓不仅尊敬自己的父母，还会尊敬他人的父母。这样天下就充满了爱和敬，四海之内，亿万民众，同归于孝，则社会和谐，国泰民安。

古代天子孝道做得最好的，要首推前面我们介绍过的帝舜：名曰重华，号有虞氏，史称虞舜。相传舜很小就失去了母亲，他父亲瞽叟，为他娶了个继母，并同继母又生了个小弟弟，名字叫象。舜的父亲在舜的继母唆使下，伙同象多次想害死舜：让舜修补谷仓屋顶时，瞽叟和象从谷仓下纵火想烧死舜，舜手持早已放在屋顶的两个斗笠，像乘降落伞一样跳下逃脱；让舜掘井时，瞽叟与象落井下石，企图把舜活埋在井下，舜从预先挖好的地道逃脱。天性善良的舜毫不嫉恨他们，依然孝敬父亲、继母，爱护弟弟。他的孝行感天动地。帝尧听说舜非常孝顺，又很会处理各种复杂的关系，就把两个女儿娥皇和女英嫁给了他。经过多年观察和考验，最终把帝位禅让给舜。舜登上天子之位后，乘坐插着天子旗帜的车子，去给父亲瞽叟请安，和悦恭敬，力行孝道。又把弟弟象封为诸侯。终于感化父母和弟弟改邪归正，重新做人。

历史上以孝闻名的皇帝，不能不说汉文帝刘恒。他是刘邦的

第四个儿子，生母薄太后患了重病，一病就是三年，卧床不起。刘恒日夜守护在母亲的床前，看到母亲睡了，才趴在床边睡一会儿。刘恒天天为母亲煎中药，每次煎好药，自己总先尝尝药苦不苦，烫不烫，觉得不烫嘴了，才给母亲喝。刘恒孝顺母亲的事，在朝野广为流传。有诗颂曰：仁孝闻天下，巍巍冠百王；母后三载病，汤药必先尝。

汉文帝把对父母的孝，后来扩展到对全天下人的爱。励精图治，促进了政治的进步和经济的繁荣，创下了中国历史上有名的"文景之治"这样空前的盛世。

跨入新时代的中国，以习近平为核心的党中央，大力弘扬中华优秀传统文化，努力实现中华民族的伟大复兴。作为中共中央总书记的习近平，从小受家庭的熏陶和父母的言传身教，养成了孝敬父母、尊敬师长、爱国爱家、责任担当等许多优秀品质。在父亲习仲勋88岁寿辰时，写给父亲拜寿信，经新闻媒体传播后，感动了亿万中国人。父亲去世后，习近平一回到家中，就会陪母亲一起吃饭，饭后同母亲手牵手散步、聊天，温暖母亲的心。

2017年11月17日上午9时30分，习近平来到人民大会堂金色大厅，亲切会见参加全国精神文明建设表彰大会的600多名代表。总书记看到93岁的黄旭华和82岁的黄大发两位年事已高的道德模范，站在代表们中间，就上前握住他们的手，微笑着问候说："你们这么大岁数，身体还不错。你们别站着了，到我边上坐下。"习近平拉着他们的手，请两位老人坐到自己身旁来，两人执意推辞，习近平一再邀请说："来！挤挤就行了，就这样。"相机快门按下，记录下了这一感人瞬间。

三、天子法天行仁，仁德化育人民

　　中国人的信仰与西方人不同，西方人相信，有个至高无上的上帝，主宰人世间的一切。中国人尊崇天、地、君、亲、师，站在坚实的大地上，仰望阳光普照的蓝天，崇敬古圣先贤，追颂造福子孙的祖先，孝敬生养自己的父母，尊敬谆谆教诲自己的老师，一切都是那么踏实和自然而然。

　　古之造文者，三画而连其中，谓之王。三画者，天、地与人也，而连其中者，通其道也。取天地与人之中以为贯而参通之，非王者孰能当是？是故王者唯天之施，施其时而成之，法其命而循之诸人，法其数而以起事，治其道而以出法，治其志而归之於仁。仁之美者在于天，天，仁也，天覆育万物，既化而生之，有养而成之，事功无已，终而复始，凡举归之以奉人，察于天之意，无穷极之仁也。人之受命于天也，取仁于天而仁也，是故人之受命天之尊，父兄子弟之亲，有忠信慈惠之心，有礼义廉让之行，有是非逆顺之治，文理灿然而厚，知广大有而博，唯人道为可以参天。（《春秋繁露·王道通三》）

　　汉代的大儒董仲舒认为：古时候造字的人，先写三横，然后用一竖在中间把它们连接起来，就叫做"王"字。三横代表天、地和人，而连接中间的一竖，表示贯通天地和人的道。在天、地和人中间能把三者贯通起来，不是王者谁能做到这种地步呢？所以王者效法天的行为，因循天时而成就人民，效法天命而抚慰人民，效法天数而兴起民事，效法天道而实行法度，效法天志而归向仁德，美好的仁德在天。天是仁爱的，天庇护化育万物，既造化而生长万物，又培育而成就万物，天的功绩无穷无尽，周而复始，所有的作为都可归结为奉养人类。明察天的用意，是无穷的仁爱。人接受天命，从天那里获取仁爱而成为有仁爱的人。因此，人接受天命而禀有了天的至尊，禀有了父兄子弟间的亲爱之情，禀有了忠信慈惠的心意，禀有了礼义廉让的行为，禀有了是非顺逆的治理之道，文辞华美而义理深厚，广见博识，唯有人道可以参通天道。

孔子认为，"五孝"表率的天子之孝，就应该效法天地的博大仁爱，"爱敬尽于事亲，德教加于百姓，刑于四海"。像帝舜那样，用大孝感化父亲、继母和顽劣的弟弟象，最终感天动地，造福人民，四海之内，共同称颂帝舜的功德。像周文王那样，施行仁爱，被人爱戴。

《史记·周本纪》记载：西伯（周文王）默默地为仁行善，邻国诸侯们发生纠纷都愿意请他出面裁决。有一次，虞国人和芮（ruì）国人为一点事争得不可开交，他们一块儿到周国来想请西伯裁决。进入周国境内，看到种田的人都互相让着田界，没有人计较你占了我的田，或者我占了你的地；人们都尊敬谦让长者，呵护扶持幼小。社会呈现一片祥和繁荣景象。虞、芮两国的人还没见到西伯，就已经感到羞愧难当，说："我们所争的，正是人家周国人以为羞耻的，我们还找西伯干什么，只会自讨耻辱罢了。"于是一个个都悄悄地打道回府，也学会了谦让，不再为一点小事争吵不休。诸侯们知道了这件事，都说："西伯恐怕就是下一个受上天之命的君王吧。"

天子在以身示范做仁德君子的同时，制礼作乐，推行"六经"（后来由于《乐记》失传变成了《五经》）等一整套化育百姓的仁德教化，促进社会风清气正。

孔子曰：入其国，其教可知也。其为人也：温柔敦厚，《诗》教也；疏通知远，《书》教也；广博易良，《乐》教也；洁静精微，《易》教也；恭俭庄敬，《礼》教也；属辞比事，《春秋》教也。（《礼记·经解》）

孔子说："进入一个国家，只要看看那里的风俗，就可以知道该国的教化如何了。那里的人们如果温和柔顺、朴实忠厚，那就是《诗经》教化的结果；如果他们为人通达，又通今博古，那就是《尚书》教化的结果；如果他们心胸坦荡，性情平和，那就是《乐记》教化的结果；如果他们整洁清静、洞察细微，那就是《易经》教化的结果；如果他们端庄雅致，谦恭礼敬，那就是《礼记》教化的结果；如果他们善于类比，明辨是非，那就是《春秋》教化的结果。"

中华民族仁德教化进一步发展，逐步形成了"四维"：礼、义、廉、耻。管子曰："国有四维，一维绝则倾，二维绝则危，三维绝则覆，四维绝则灭。""八德"：孝、悌、忠、信、礼、义、廉、耻。五常：仁、义、礼、智、信。"五伦"：父子有亲，君臣有义，夫妇有别，长幼有序，朋友有信。"十义"：父慈，子孝；兄友，弟恭；夫义，妇听；长惠，幼顺；君仁，臣忠。近代孙中山、蔡元培等融合中西文化，提出了忠、孝、仁、爱、信、义、和、平"新八德"。

中华伦理道德发展的历程表明，以孟子"五伦"为标志，形成了"以人为本"的伦理道德观；千年之后，宋代以"八德"为标志，形成了"以家为本"的伦理道德观；又过近千年，清末民初，孙中山以"新八德"为标志，形成了"以国为本"的伦理道德观，分别成为不同时期道德教化的着重点，反映了不同时代对道德发展的必然要求。

中国特色社会主义新时代，国家又明确提出了社会主义核心价值观：富强、民主、文明、和谐，自由、平等、公正、法治，爱国、敬业、诚信、友善。是对中华文明很好的继承和发展。

夏历庚子之年，一场百年难遇的新冠病毒疫情突如其来，肆虐人类。全球华夏儿女，万众一心奋起抗疫的英雄壮举，体现出习近平中华民族伟大复兴的"中国梦"，顺应时代，凝聚人心。疫情来袭，一声号令，全国 4 万多白衣天使，星夜兼程驰援疫情中心武汉；医护人员冒死逆行，成为新时代最可爱的人；全世界华人几乎买空了当地的口罩、消毒液、治疗器械等防护医疗物品，第一时间发回祖国，奉献赤子之心；街道社区工作人员、爱心志愿者、外卖小哥等千千万万的普通人，冒着染病的巨大风险，为居家隔断病毒的老百姓保障日常生活物资供应，成为平民英雄。在人们的印象中，一直被家庭呵护的"80 后""90 后"甚至"00后"，仿佛一夜之间突然长大，在各自的岗位上冲锋陷阵，令前辈们刮目相看，大大点赞！正是这许许多多平凡人在灾难面前的非凡之举，短短两个多月，成功隔断了新冠病毒的传播，取得了全国抗疫的重大胜利，为全球抗疫呈现出一片艳阳天。使中国力量、中国智慧、中华文明在世界面前展现得更加辉煌灿烂！

第三章
诸侯之孝：居上不骄，保国安民

《孝经·诸侯章》

在上不骄，高而不危；制节谨度，满而不溢。高而不危，所
以长守贵也。满而不溢，所以长守富也。富贵不离其身，然后能
保其社稷，而和其民人。盖诸侯之孝也。《诗》云："战战兢兢，
如临深渊，如履薄冰。"

孔子告诫诸侯国的君主，作为一国国君，能够做到不骄横，
身居高位就不会有倾覆的危险；生活节俭、慎行法度，财富再充
裕丰盈也不会流失。身居国君的位置能够坐稳江山，就能够长久
守住自己的尊贵；国库充裕又不随便挥霍浪费，就能长久地保证
自己的富有。能够长期坐拥荣华富贵，就能赢得江山社稷的安
稳，让民众和睦社会安定。这就是诸侯应该力行的孝道。《诗
经·小雅·小旻》有云："战战兢兢要小心，如同走近那深渊，
如同踏上那薄冰。"

一、心存敬畏，恪守本分

诸侯源自分封制。古代帝王分封王族、贵族和功臣为诸侯，分治各个属国。周朝分公、侯、伯、子、男五等爵位。汉朝分王、侯二等爵位。诸侯拥有其统辖区域内的土地和人民，世代掌握军政大权。封国的面积大小不一，国君的爵位也有高有低。按礼法要服从王室的命令，定期向王室朝贡述职，并随同作战，保卫王室。

谈诸侯之孝，不能不谈一位让孔子推崇备至的人物，他就是周公：姓姬名旦，是周文王的第四个儿子，周武王的弟弟，爵为上公，故称周公。文王在时，姬旦就是有名的孝子，为人极其仁厚。他在周文王的众多儿子中出类拔萃，与众不同。曾两次辅佐周武王东征讨伐殷纣王。武王登上王位后，把山东曲阜封给周公建立鲁国。

周武王离世后，成王继位。由于成王年幼，由周公摄政主持国政，他的封国鲁国就由长子伯禽去主政，伯禽成为鲁国第一任国君。伯禽赴任前，周公告诫儿子：

我文王之子，武王之弟，成王之叔父，我于天下亦不贱矣。然我一沐三捉发，一饭三吐哺，起以待士，犹恐失天下之贤人。子之鲁，慎无以国骄人。

君子不施其亲，不使大臣怨乎不以。故旧无大故则不弃也，无求备于一人。君子力如牛，不与牛争力；走如马，不与马争走；智如士，不与士争智。德行广大而守以恭者，荣；土地博裕而守以俭者，安；禄位尊盛而守以卑者，贵；人众兵强而守以畏者，胜；聪明睿智而守以愚者，益；博文多记而守以浅者，广。去矣，其毋以鲁国骄士矣！（周公《诫伯禽书》）

周公对儿子说："我是文王的儿子、武王的弟弟，成王的叔父，在全天下人中我的地位不算低了。但我洗一次头却要多次握起头发，吃一顿饭却要多次停下来，出来接待贤士，这样还怕失掉天下的贤才。你到鲁国之后，千万不要因为有封国而骄慢于人。

有德行的人不怠慢他的亲戚，不让大臣抱怨没被重用。老臣故旧没有发生严重过失，就不要抛弃他们。不要对人求全责备。有德行的君子，即使力大如牛，也不会与牛争力气的大小；即使飞奔如马，也不会与马争谁跑得快；即使智慧如智士，也不会与智士争智力高下。德行广大却能恭敬待人，便会得到荣耀；土地广阔富饶，用节俭的方式生活，便会永远平安；官高位尊而用谦卑的方式自律，便更显尊贵；兵多人众而用敬畏之心坚守，就必然胜利；聪明睿智却总认为自己愚钝无知，将获益良多；博闻强记却自觉浅陋，将会见识更广。上任去吧，不要因为鲁国的条件优越而对士人骄傲啊！"

周公对儿子的谆谆教诲，可谓用心良苦。伯禽没有辜负父亲的期望，坚持以周礼来治理鲁国，移风易俗，务本重农。在位46年，鲁国政治稳定，经济繁荣，疆域也不断扩大，有着"礼仪之邦"的美誉。有诗赞曰"周公吐哺，天下归心"。周公父子可谓诸侯的典范。

二、仲尼之门，五尺童子羞称"五伯"

孔子及其思想学说的传承者，对仁德的追求以及对诸侯施政的评判标准是很高的。在《论语·颜渊》中，樊迟问仁。孔子曰："爱人。"之后的孟子对此又作了进一步的阐述。

孟子曰："君子所以异于人者，以其存心也。君子以仁存心，以礼存心。仁者爱人，有礼者敬人。爱人者，人恒爱之；敬人者，人恒敬之。"（《孟子·离娄下》）

孟子说："君子与一般人不同的地方，在于他的存心。君子内心所怀的是仁爱和礼义。仁爱的人爱人，礼敬的人尊敬人。爱人的人，人也恒久地爱他；尊敬人的人，人也恒久地尊敬他。"

当齐宣王问孟子齐桓公、晋文公称霸诸侯这件事时，孟子不以为然。

齐宣王问曰："齐桓、晋文之事可得闻乎？"孟子对曰："仲尼之徒无道桓、文之事者，是以后世无传焉，臣未之闻也。无以，则王乎？"曰："德何如则可以王矣？"曰："保民而王，莫之能御也。"（《孟子·梁惠王上》）

齐宣王问孟子说："齐桓公、晋文公称霸的故事，您可以说给我听听吗？"孟子回答说："孔子的弟子中没有人讲述齐桓公、晋文公的事情，因此后世没有流传下来，我也没有听说过。如果您真想听我说，那么我给您说说如何实行王道的事吧！"齐宣王说："要具有什么样的德行，才可以实行王道呢？"孟子说："保护、爱护老百姓，得到人民的拥护而称王天下，这将是任何力量都无法阻挡的。"

孟子为什么不愿谈齐桓公、晋文公称霸的事情呢？在中华民族五千年的文明史上，赢得天下的主流价值观是以仁爱赢得民心，实行仁政，以德治国，这称之为"王道"；而靠军事征服，恃强凌弱，残暴统治，称之为"霸道"。以齐桓公、晋文公等为代表的"春秋五霸"，是孟子所不耻的。孟子"道性善，言必称尧舜"，作为孔子仁爱思想的忠实传承者，呈现给后人的是一种浩然之气。西汉思想家董仲舒一脉相承地继承了这一道统，论述得更为深刻明白。

夫仁人者，正其义不谋其利，明其道不计其功。是以仲尼之门，五尺童子羞称五伯，为其先诈力而后仁义也。苟为诈而已，故不足称于大君子之门也。五伯比于他诸侯为贤，其比三王，犹武夫（玟珷）之与美玉也。（《汉书·董仲舒传》）

董仲舒认为：仁德的人，就是端正他的仁义而不去谋取私利，阐明他的仁道而不去计较自己的功劳。所以在孔子的弟子里，即使是未成年的孩童也羞于谈论"春秋五霸"，因为"春秋五霸"先推崇欺诈、武力而后讲仁义。不过是施行不正当的欺诈，所以不值得孔子的弟子们谈论。五霸比其他的诸侯贤明，可是与尧、舜等圣王相比，就好像外表像玉的石头与真正的美玉相比，有着天壤之别啊。

春秋之际，礼崩乐坏。孔子犹如天上的北斗星，为后人指明了方向。

三、位高权重，骄奢必败

孔子作为伟大的思想家和教育家，通过对人性的洞悉和对历史兴衰的观察，深刻地认识到位高权重的诸侯，最容易犯的错误就是骄奢淫逸，导致的后果就是亡国灭族，人民生命涂炭。一幕幕历史的活剧，反复地印证着圣人并非是杞人忧天。

《史记·周本纪》记载，周王朝建立之初，为了控制前朝殷商的贵族和官僚，使新政权不断巩固，周武王把殷商故都封给了殷纣王的儿子武庚，并将其分为卫、鄘（yōng）、邶（bèi）三个诸侯国，分别由武王弟弟管叔、蔡叔、霍叔去统治，以监视武庚，总称"三监"。周武王病逝后，由长子继位，是为成王。成王年幼，周公摄政，管叔有意争权，于是到处散布流言，制造混乱。于殷商灭后的第三年，管叔、蔡叔鼓动武庚一起反叛周天子。周公首先稳定内部，保持团结，说服太公望和召公奭。奉成王之命，征讨管、蔡、武庚。征战三年，平定了叛乱。把首恶管叔和武庚杀了，把蔡叔流放。

历史上，影响较大的诸侯叛乱还有西汉时期的"七国之乱"。七国之乱是发生在汉景帝时期的一次诸侯国叛乱，参与叛乱的是7个刘姓宗室诸侯王：吴王刘濞（bì）、楚王刘戊、赵王刘遂、济南王刘辟光、淄川王刘贤、胶西王刘昂、胶东王刘雄渠。故又称"七王之乱"。

汉景帝刘启见各诸侯王日渐坐大，为强化中央对诸侯王的控制。采用御史大夫晁错《削藩策》，诏令天下，削减、剥夺各大诸侯王的封地。吴王刘濞联络楚王、赵王、济南王等7个刘姓诸侯王，打着"清君侧"的旗号，联合起来武力反叛中央。汉景帝调集重兵，派出大将军窦婴、太尉周亚夫率大军，仅用3个月一举平定叛乱。

诸侯摆不正自己的位置，目无天子，最终都是自取其祸，结局悲惨。实行郡县制后，各地虽不叫诸侯，但雄踞一方的封疆大吏也是位高权重，如果不节制自己过度膨胀的贪欲，也将重蹈覆辙，身败名裂！

当今社会的地方大员，虽然没有古代诸侯、藩王那么大的权势，但所拥有的行政资源和地方财力也是相当大的。如果骄横跋扈，贪污腐败，也会危害一方，祸国殃民。原号称"重庆王"的那个"大老虎"就是典型的反面教员。反观他的人生轨迹，从大连市长到辽宁省长，再到重庆市委书记，一路走来，用一句足球术语，便叫作总在"越位"：他当大连市长，风头盖过了大连市委书记；他做辽宁省长，风头也盖过了辽宁省委书记；当上政治局委员、重庆市委书记后，更是专横跋扈，肆无忌惮。用原中央统战部一位副部长的话说：他在重庆"唱红打黑"时，我觉得很恐怖。他的得力干将——当时的重庆市委常委、公安局长公开说："只要把政治问题变成法律问题来查，我们就有绝对的发言权。"这位领导曾给中央写信说过，这个说法很恐怖！"重庆王"视这个公安局长为家奴。当着当时重庆市委办公厅主任、重庆市公安局副局长等多人的面，斥责公安局长诬陷他的妻子杀害英国人，甩手打了公安局长几个耳光，将茶杯摔在地上，指着摔碎的茶杯对这个公安局长说："从此咱俩的关系就这样！"这个公安局长感到自身处境危险后，叛逃到美国驻成都领事馆，反戈一击，揭露"重庆王"的罪行。

深圳万科公司创始人王石曾多次谈及这个案子。2013 年 7 月，王石曾发微博称"检讨重庆事件"：重庆市委书记当时曾邀请他前去见面，他因不愿为重庆"唱红打黑"背书，便选择了拒绝。

曾经不可一世的"重庆王"受到了人民的公正判决，落得了个把牢底坐穿的可耻下场。

第四章
卿大夫之孝：谨守法度，忠心耿耿

《孝经·卿大夫章》

非先王之法服不敢服，非先王之法言不敢道，非先王之德行不敢行。是故非法不言，非道不行；口无择言，身无择行。言满天下无口过，行满天下无怨恶。三者备矣，然后能守其宗庙。盖卿大夫之孝也。《诗》云："夙夜匪懈，以事一人。"

孔子对卿大夫之孝的要求是：若非尧舜禹汤、文武周公这些圣王定下来的合乎礼法的官服，在正式场合不敢穿戴，若非尧舜禹汤、文武周公这些圣王定下来的合乎礼法的言语，不敢随便说，若非尧舜禹汤、文武周公这些圣王力行的道德品行，不敢去实行。因此，不合乎礼法的语言不能随便说，不合乎礼法道德的行为不能随便作为。张嘴说话，不用考虑就能合礼合法，为人处世，随心所欲也不会逾越规矩。于是说过的话就算天下的人都知道了，也不会存在过错，做过的事传遍天下，也不会遭人怨恨和厌恶。服饰、言语、德行这三个方面，都能遵从尧舜禹汤、文武周公这些圣王定下来的的礼法准则，然后才能守住自己的宗庙，保证祖宗的香火代代兴盛。这就是朝廷卿相和士大夫的孝道啊！《诗经·大雅·烝民》有云："日夜辛劳不懈怠，专心侍奉周天子。"

按《说文解字》等古典文献的解释，卿是向君王上奏章，讲明道理，出谋划策的大臣；大夫是向君王举荐贤人，任用有用人才的大臣。卿与大夫等级和职位相差不大，他们的孝行相当，所以这里连称卿大夫。

一、守规矩，尊法度

孔子讲孝道，是以家为起点的。卿大夫在家是整个大家族的家长，要为家族作出行为示范。到朝廷作为大臣，则移孝作忠，就要遵守法度，尽忠报国。

孔子为什么对卿大夫之孝，首先提出"非先王之法服不敢服"？人类从蛮荒时代走来，文明的演化，就是从树叶、兽皮遮体，到制作衣冠，不断提高文明程度。尧、舜缔造华夏，把制作衣冠作为一项很重要的内容，寓教化于服饰，并以此明辨身份地位。

帝曰："予欲观古人之象，日、月、星辰、山、龙、华虫，作会；宗彝、藻、火、粉米、黼（fǔ）、黻（fú），絺（chī）绣，以五采彰施于五色，作服，汝明。"（《尚书·益稷》）

舜帝对禹说："我想看到古人衣服上的图象，模拟日、月、星辰、群山、龙、花与雉鸡6种图形绘在上衣上；模拟刻着虎与猿图形的祭器、水草、火焰、白碎米、黑白相间的"斧"形图案，黑青相间的"己"字图案绣在下裳上。用5种颜料做成5种色彩不同的衣服，明确尊卑不同的身份。"

承袭尧、舜传统，古代官服的规定性越来越完善，各种图案都有其特定的含义。东汉永平二年，孝明皇帝下诏，博采《周官》《礼记》《尚书》等史籍，制定了祭祀服饰及朝服制度，从此确定了汉代的服制。规定："天子、三公、九卿……（祭）祀天地明堂，皆冠旒（liú）冕（都要戴前后有玉串的礼帽），衣裳玄（黑色）上纁（xūn）（浅红色）下，乘舆（车）备文（文饰），日月星辰十二章，三公、诸侯用山、龙（以下）九章，九卿以下用华虫（以下）七章。"（《后汉书·舆服下》）从此以后直到明清，"十二章纹"作为帝王、百官的服饰，一直延用了近两千年。

帝王及高级官员礼服上绘绣的12种纹饰，其实就是12种图案，各有特定的象征意义：日、月、星图案代表三光照耀，象征皇恩浩荡、普照四方；山即群山图案，代表着稳重性格，象征天子能治理四方水土；龙是一种神兽，变化多端，龙形图案象征帝王们善于审时度势处理国家大事和对人民的教化；华虫即雉鸡站在花丛中的图案，绣在天子的礼服上，象征王者要"文采昭著"；宗彝为古代刻着虎、猿形状的祭祀器物，宗彝图案象征帝王感念祖先的忠孝美德；藻就是水草图案，象征皇帝的品行冰清玉洁；

火焰代表光明，火焰的图案象征君王处理政务光明磊落；粉米就是白碎米，粉米图案象征帝王关注民生，安邦治国，重视农桑；黼为礼服上斧头形状的半黑半白的图案，象征判断力强，做事果敢；黻为礼服上青黑相间的"亞"字图案，代表背恶向善，象征帝王明辨是非，知错就改的品德。

"十二章纹"包含了至善至美的帝王美德。所以孔子认为"非先王之法服不敢服"，具有十分丰富和深刻的内含，是卿大夫之孝必须尊崇的一种理念。紧接着孔子又提出"非先王之法言不敢道，非先王之德行不敢行"，进一步讲到了要力行先王的法言与德行。

孔子曰：君子有三畏：畏天命，畏大人，畏圣人之言。小人不知天命而不畏也，狎大人，侮圣人之言。（《论语·季氏》）

孔子说："君子有三件敬畏的事情：敬畏上天的意志（自然规律），敬畏品德高尚的王公大人，敬畏圣人的言论。小人不知道上天也有意志，因而他不知道畏惧。他轻慢品德高尚的王公大人，蔑视圣人的言论。"因此，君子总是得到上天的眷顾，受人尊敬，路越走越宽；小人总是怨天尤人，戚戚哎哎，令人唾弃。

先王或者"大人"具备什么样的高尚品德令人崇敬呢？

"夫大人者，与天地合其德，与日月合其明，与四时合其序，与鬼神合其吉凶。先天而天弗违，后天而奉天时。天且弗违。而况於人乎。况於鬼神乎。"（《周易·乾卦·文言传》）

这里所说的大人，他的德行与天地的仁德相合，生生不息；他的智慧与日月的光明相合，普照四方；他的行事作风与四季的秩序相合，井然有序；他的是非观念与鬼神的吉凶报应相合，赏善罚恶。他的行为先于天时，天的法则不会违逆背弃他。他的行为后于天时，他就会顺应天的法则行事。天尚且不会违逆背弃他，更何况是人类呢？何况是鬼神呢？

作为一个称职的公卿和士大夫，在服饰仪表、言谈举止、道德品质方面，都能遵从尧舜禹汤、文武周公这些圣王定下来的礼法准则，他就是很好地力行了孝道。

二、随心所欲而不逾矩

孔子谈卿大夫之孝提到："口无择言，身无择行；言满天下无口过，行满天下无怨恶。"这让我想到了《论语·为政》中孔子回顾他自己人生历程的那段文字：

子曰："吾十有五而志于学，三十而立，四十而不惑，五十而知天命，六十而耳顺，七十而从心所欲，不逾矩。"

孔子说："我 15 岁开始立志向学，30 岁就明确了自己的人生价值，并成家立业，40 岁遇事能不再困惑，50 岁知道敬畏上天的意志和大自然的运行规律，60 岁能够明辨是非，并听得进各式各样的不同意见，到 70 岁无论做什么事情，都能随心所欲又不会逾越各种规矩法度。"这是孔子对自己人生的感悟。

孔子在谈卿大夫之孝时说：开口说话，不假思索就能合乎礼法；为人处世，随心所欲也不会逾越规矩。说过的话就算天下的人都知道了，也不会存在过错；做过的事传遍天下，也不会遭人怨恨和厌恶。这应该是孔子自己言语行为的经验之谈。俗话说：冰冻三尺，非一日之寒。卿大夫如何才能修炼到这种境界？那就必须修大人之学。

《礼记·大学》开篇就告诉我们，大人之学所传授的学问大道，在于发扬人们天赋的善良美德，在于赋予人民新生，在于让人止于完美的境界。知道止于完美的境界之后，才能对人生有坚定的志向；对人生有坚定的志向，心境才会宁静；心境宁静之后，才能够安然自得；安然自得，才能够用心思虑；用心思虑，才能够得到真知灼见。万物都有最重要的根本与较次一等的枝末，每一件事情的演变也都有开始与结束的过程。知道了事物发展本末先后的顺序，就接近了掌握事物发展规律的智慧。凡是想要在天下弘扬天赋清新美德的古圣先贤们，必然先把本国人民的生活纳入正常的轨道；要想把本国人民的生活纳入正常的轨道，必须先把自己的家族、家庭生活理顺；想要把自己的家族、家庭生活理顺，就需要先修养好个人的品性；想要修养好个人的品性，必须先把自己的心安放得端端正正；想要把自己的心安放得端端正正，必须先使自己的本意发乎真诚；想要使自己的本意发乎真诚，必须先获得真知；而真知在于探索研究万事万物。将万事万物研究探索之后，便有了真知；有了真知其本意便能发乎真诚；本意能发乎真诚，内心便能放得端正；内心放得端正，个人修养就会提高；个人修养提高了，家族、家庭生活就会理顺；家族、家庭生活理顺了，本国人民生活就会纳入正常的轨道；本国人民生活纳入正常的轨道后，整个天下才会太平。上至帝王，下到普通百姓，人人必须把个人修养视为根本。如果这个根本不牢固，家国天下要想实现良好地治理，是根本不可能的。树的根扎得不深，树干不粗壮，想让这棵树枝繁叶茂，天下从来没有这样的事。

从孔子的立志、立身、不惑、知天命、耳顺、从心所欲不逾矩，到《大学》的格物、致知、诚意、正心、修身、齐家、治国、平天下，使我们明白了古圣先贤就是这样炼成的。中华优秀传统文化之所以历久弥新，不断地启迪后人，秘诀大概就在这里。

三、夜以继日，忠心耿耿

卿大夫之孝的最后，孔子用《诗经》的两句诗"夙夜匪懈，以事一人"，作为归宿。体现了历代卿大夫，日日夜夜，勤勤恳恳，忠君爱国，执政为民的奉献精神。在中华民族五千年文明史上，这样的忠臣良将，又何止千千万万。其中，最为人民称道的代表人物，就是家喻户晓的诸葛亮。

诸葛亮生于东汉时期，是山东沂南县人，字孔明，人称卧龙先生。曾任三国蜀汉丞相。虽然只活了 50 多岁，却被中国的老百姓怀念了1000多年。他是中国人智慧的化身，更被奉为忠臣的典范。他为回报刘备"三顾茅庐"的知遇之恩，对刘备、刘禅父子二人及蜀汉王朝"鞠躬尽瘁，死而后已"。

　　章武三年春，先主于永安病笃，召亮于成都，属以后事，谓亮曰："君才十倍于曹丕，必能安国，终定大事。若嗣子可辅，辅之；如其不才，君可自取。"亮涕泣曰："臣敢不竭股肱之力，效忠贞之节，继之以死！"先主又为诏，敕后主曰："汝与丞相从事，事之如父"。建兴元年，封亮武乡侯，开府治事。倾之，又领益州牧。政事无巨细，咸决于亮。

　　……

　　于是外连东吴，内平南越，立法施度，整理戎旅，工械技巧，物究其极，科教严明，赏罚必信，无恶不显，至于吏不容奸，人怀自厉，道不拾遗，疆不侵弱，风化肃然也。（《三国志·诸葛亮传》）

　　《三国志》记载，蜀汉章武三年的春天，先主刘备在白帝城永安宫病情加重，于是把诸葛亮从成都召到白帝城永安宫，安排身后蜀国国家大事，刘备用期待的目光望着诸葛亮说："你的才能要高于曹丕10倍，必能安定国家，最终成就大业。如果嗣子刘禅可以辅佐，你就辅佐他；如果他没有这个才能，你就取代他吧！"诸葛亮哭着说："臣一定竭尽全力，效法古人忠贞的节操，直至献出生命！"先主又传诏，敕令后主刘禅说："你和丞相一起做事，侍奉他就如同侍奉我一样。"建兴元年，册封诸葛亮为武乡侯，开始治理国家的事务。后来，又加封诸葛亮为益州牧。政事无论大小都由诸葛亮决定。

诸葛亮于是对外与东吴友好结盟，对内平定南部诸郡，颁定法律制度，整治全国军队，所制器械如木牛流马，巧思精工，达到极至。法令严正，赏罚分明，作恶者无人不受惩处，为善者无人不被表彰，终于使全国做到官吏不敢违法乱纪，人人奋发上进，道不拾遗，强不凌弱，民风淳厚，秩序井然。

《三国志》撰修者陈寿对诸葛亮的评价是：诸葛亮治国理政，既发扬了儒家的礼乐文化，也吸收了法家的治国理念，爱民如子，仁爱包容；公正无私，执法如山。对国家忠心耿耿，理朝政尽职尽责。就算是自己的仇人，有功必赏；即便是自己的亲信，违法必究。官员违法犯罪，只要真心坦白认罪，有悔改之意，就会有重新做人的机会；如果敷衍塞责，无理强辩三分，必然予以严惩。嘉言善举，虽小必赏；疏忽之过，有错必纠。他务实从简处理事务，注重见实效；不繁文缛节做官样表面文章。蜀国上至达官贵人，下至黎民百姓，都对他敬畏有加。他执法如山，令人口服心服；他勤政爱民，得到举国赞誉，都称赞他是历史上难得的良相能臣，比得上帮助齐桓公称霸诸侯的管仲，赶得上辅佐汉高祖建立大汉王朝的萧何。

唐代诗圣杜甫对诸葛亮崇敬之至，用许多诗篇赞颂诸葛亮——"诸葛大名垂宇宙，宗臣遗像肃清高。""功盖三分国，名成八阵图。"特别是他的那首《蜀相》中的名句："三顾频烦天下计，两朝开济老臣心。出师未捷身先死，长使英雄泪满襟！"千百年来，不断震撼着人们的心灵。

第五章
士子之孝：心存爱敬，不辱使命

《孝经·士章》

资于事父以事母，而爱同；资于事父以事君，而敬同。故母取其爱，而君取其敬，兼之者父也。故以孝事君则忠，以敬事长则顺。忠顺不失，以事其上，然后能保其禄位，而守其祭祀。盖士之孝也。《诗》云："夙兴夜寐，无忝尔所生。"

孔子教导士子们：父母之爱是相同的，因此，要像孝敬父亲那样去孝敬母亲；尊敬君王与尊敬父亲的敬意是相同的，所以，要像敬重父亲那样去敬重君王。孝顺母亲体现的是母子之爱，尊敬君王体现的君臣之义，对待父亲，既有孝顺之心，又有敬重之意。因此，以孝敬父亲的孝心对侍君王就会忠心耿耿，以恭敬之心对待长辈和兄长就会事事顺遂。对君王既忠心耿耿又恭敬和顺，在朝廷就会不断升迁进官加爵，还能让祭祀祖宗的香火越烧越旺。这就是士子应该力行的孝道。《诗经·小雅·小宛》有云："早起晚睡勤劳本分，不要辱没父母名声。"

一、父母之爱，滋养士子成为君子

孔子曰："推一答十为士。"

士者，事也，任事之称也。故传曰：古今辨然否谓之士。（《白虎通义·爵》）

士这个阶层，产生于西周时期的宗法制度，作为中国古代的一个特殊阶层，分为上士、中士、下士3个等级。到春秋战国时期，这个阶层发生了变化，这时的士子已经与血缘无关，成为一群有抱负、有追求、有知识、有文化，并且有一技之长的人。他们中间出现了一些出类拔萃的人，他们悲天悯人，爱国敬业，慈悲仁爱，被人称为君子。

有天地，然后有万物；有万物，然后有男女；有男女，然后有夫妇；有夫妇，然后有父子；有父子，然后有君臣；有君臣，然后有上下；有上下，然后礼义有所错。夫妇之道，不可以不久也，故受之以《恒》。《恒》者久也。（《周易·序卦传》）

孔子在《周易·序卦传》中说：宇宙中有了天地之后，便生长出了万物；有了万物，自然有雌雄、男女之分。为什么要有雌雄、男女之分呢？因为不管人类或万物，其生存最大目标便是繁衍生息；有男女之分才会有夫妇的结合，易经的《咸》卦便有男女互相感应、相通的意思。男女的感应相通，结合为夫妇，然后才有父子的产生，人类因之而获得繁衍生息，形成人类社会；由家庭中的父子关系，演化成社会上的君臣体制，形成上下各个不同的阶层，圣人制礼作乐，以规范社会秩序，和谐人与人之间的关系。夫妇的关系，不可以不长久，所以《咸》卦之后接着是《恒》卦。恒是长久、持久的意思。

士子的成长，从家庭中开始。父母是孩子的第一任老师。我们先从母亲谈起：母爱之光，在中华民族五千年文明史上璀璨夺目，熠熠生辉。中国最早的诗歌总集《诗经·大雅·思齐》中就歌颂了周朝3位圣洁的女性——太姜、太任和太姒：

原诗：思齐大任，	今译：太任端庄又严谨，
文王之母，	文王之母有美名；
思媚周姜，	太姜美好有德行，
京室之妇。	太王贤妻居周京；
大姒嗣徽音，	太姒继承好家风，
则百斯男	养育百子王室兴。

民国四大高僧之一印光法师说："周之开国，基于三太。而文王之圣，由于胎教。是知世无圣贤之士，由世少圣贤之母之所致也。"

"三太"的太，是尊称，姜、任、姒都是姓氏。太姜是周朝太王古公亶父的后妃，是周文王的祖母；太任是王季的后妃，是周文王的母亲；太姒是周文王的后妃。周朝这3位开国先王的后妃，她们母仪天下，贤德无比，辅佐和教化了开万世太平的几位君王。特别是周文王的母亲太任，据刘向《列女传·母仪传》记载，太任品行端庄，德行高洁，严谨、庄重、诚敬，凡事合乎仁义道德她才会去做。太任在怀文王时，非常注重胎教，目不视恶色，耳不听淫声，口不出恶言。晚上她就命乐官朗诵诗歌，演奏高雅的琴曲给她听。所以周文王生下来就非常聪明，母亲教一，儿子识百，触类旁通。太任是有历史记载以来，胎教第一人。可以说，周朝这3位母亲，不仅助力成就了周朝800年基业，还为华夏民族养育了几位名垂千古的圣人——周文王、周武王、周公等。

在中华文明史上，孔子和孟子都是在伟大母亲的精心哺育下，成为一代圣人。

我们先说说孔子的母亲颜徵在。据《史记·孔子世家》《孔子家语》《孔母颜徵在》等书记载，颜徵在出生于书香之家，父亲是一位饱学之士，自幼受父亲的直接传授，她积累了丰富的见识和学养。在孕育孔子期间，她学习周文王母亲太任胎教的经验：眼睛不看不好的景物，耳朵不听繁杂的声音，口中不说污言秽语，对腹中的小生命给予温柔祥和的胎教，让胎儿在爱的滋润和优美的自然环境中健康发育。孔子3岁时父亲不幸去世。当时只有20岁的母亲颜徵在，独自承担起教育儿子的责任和重担。她与儿子相依为命，居住在阙里，得到了阙弁家族和乡邻们的热情帮助。她坚持教孔子和邻家孩子读书识字，为他们讲述周公辅佐周武王、周成王治理天下等圣贤故事，陪孔子玩重大节日用礼器祭祀祖先的游戏。孔子在读书识字、听故事和游戏中，渐渐长大。孔母颜徵在只在世38年，为抚养孔子成人，含辛茹苦，呕心沥血，竭尽毕生精力。她的言传身教，为孔子的"圣人之路"铺下了奠基石。

孟母教子的故事，通过《三字经》更是家喻户晓："昔孟母，择邻处，子不学，断机杼。"

昔孟子少时，父早丧，母仉（zhǎng）氏守节。居住之所近于墓，孟子学为丧葬，擗踊（pǐ yǒng）痛哭之事。母曰："此非所以处子也。"乃去，遂迁居市旁，孟子又嬉为贾人炫卖之事，母曰："此又非所以处子也。"舍市，近于屠，学为买卖屠杀之事。母又曰："是亦非所以处子矣。"继而迁于学宫之旁。每月朔望，官员入文庙，行礼跪拜，揖让进退，孟子见了，一一习记。孟母曰："此真可以处子也。"遂居于此。（西汉·刘向《列女传·卷一·母仪》）

《列女传》记载孟母三迁的故事：孟子小时候，父亲早早地去世了，母亲仉（zhǎng）氏守节没有改嫁。最初他们居住的地方离墓地比较近，孟子就和邻居的小孩一起，学人们办丧事，捶胸顿足、嚎啕大哭的样子。孟子母亲看到后说，这不是我儿子该住的地方。于是就搬到了集市旁边去住。到了集市旁，孟子又学商人吆喝叫卖的样子，孟母又说：这里也不是我儿子该住的地方。他们又搬家了，没想到旁边住着一个屠户，小孟子一有空闲，就跑去跟屠夫学杀猪宰羊做买卖。孟母又一次说，这里更不是我儿子该住的地方。最终他们搬到了学校附近。每天都能听到朗朗的读书声，每月初一、十五，当地的官员进入供奉孔子的文庙，行礼跪拜，祭祀孔子。他们进进出出，相互谦让，很有礼貌。孟子见了，记在心里，回家反复练习。孟母高兴地说：这才真正是我和儿子应该住的地方呀。

以上几位杰出的母亲，只是中华民族历史上千千万万智慧善良母亲的代表，她们能够彪炳史册，说明女性在历史上的地位是比较高的，尤其是在上古先秦时代。因此，孔子在《孝经·士章》中说："资于事父以事母，而爱同；资于事父以事君，而敬同。"特别把体现在母亲身上的爱，重点提出来，与对待君主的敬一样，同等重要。作为一个士子，心存爱敬，忠顺不失，才能找到自己应有的位置。

父爱与母爱有所不同。《增广贤文》有云："严父教子，义方是训。""严父"，古代的意思是敬重父亲，让他感到特别有尊严。后来人们望文生义地演化成严厉的父亲，有严父慈母之说。"义方"，即做人的道理和行事应该遵守的规范。这句贤文的意思是：严厉的父亲教育子女，要用做人的道德和做事的规范来教导孩子。

子言之：今父之亲子也，亲贤而下无能；母之亲子也，贤则亲之，无能则怜之。母，亲而不尊；父，尊而不亲。（《礼记·表记》）

孔子说："如今父亲爱儿子，儿子好学、聪慧、听话他就亲近，儿子懒惰、笨拙、不听话他就疏远；母亲爱儿子，儿子好学、聪慧、听话她亲近，儿子懒惰、笨拙、不听话她会怜惜。所以母亲是亲近大于敬畏，父亲是敬畏大于亲近。

《论语·季氏》中，讲了一个孔子教子的故事，我们从中体悟一下，孔子作为父亲，对儿子孔鲤（字：伯鱼）那份沉甸甸的爱。

陈亢问于伯鱼曰："子亦有异闻乎？"对曰："未也。尝独立，鲤趋而过庭。曰：'学《诗》乎？'对曰：'未也。''不学《诗》，无以言。'鲤退而学《诗》。他日，又独立，鲤趋而过庭。曰：'学礼乎？'对曰：'未也。''不学礼，无以立。'鲤退而学礼，闻斯二者。"陈亢退而喜曰："问一得三。闻诗，闻礼，又闻君子之远其子也。"

孔子的弟子陈亢问孔子的儿子伯鱼："你在老师那里听到过什么特别的教诲吗？"伯鱼答道："未曾有过。有一次父亲独自站在庭堂上，我快步从庭堂里走过，他说：'学《诗经》了吗？'我回答说：'没有。'他说：'不学《诗经》，就不懂得怎么说话。'我回去就学《诗经》。又有一天，父亲又独自站在庭堂上，我快步从庭堂里走过，他说：'学《礼》了吗？'我回答说：'没有。'他说：'不学《礼》就不懂得怎样立身做人。'我回去就学《礼》。父亲就给我说过这两件事。"陈亢回去高兴地说："我提一个问题，得到三方面的收获，听到了关于学《诗经》的启发，关于学《礼》的启发，又听到了君子不偏爱自己儿子的启发。

台湾现代作家席慕蓉的散文《严父》，把深沉厚重的父爱，写的入木三分。

八月，夏日炎炎，在街前街后骑着摩托车叫卖着："牛肉，肥美黄牛肉"的那个男子，想必是个父亲吧。新修的马路上，压路机反复地来回着，在驾驶座上那个沉默的男子，想必是个父亲吧。不远处那栋大楼里，在一间又一间的办公室批着公文、抄着公文、送着公文的那些逐渐老去的男子之中，想必也有很多都是父亲了吧。一切的奔波，想必都是为了家里的几个孩子。

风霜与忧患，让奔波在外的父亲逐渐有了一张严厉的面容，回到家来，孩子的无知与懒散又让他有了一颗急躁的心。怎么样才能让孩子明白，摆在他们眼前的，是一条多么崎岖的长路。怎么样才能让孩子知道，父亲的呵护是多么有限和短暂。

可是，孩子们不想去明白，也不想去知道，他们喜欢投向母亲柔软和温暖的怀抱，享受那一种无限的纵容和疼爱。

劳苦了一天的父亲，回到自己的家，却发现，他用所有的一切在支撑着的家实在很甜美也很快乐，然而这一种甜美与快乐却不是他可以进去，可以享有的。

于是，忧虑的父亲，同时也就越来越寂寞了。

二、家、国一体，成就仁人志士

孔子创办私学，让许多平民子弟通过修学《诗》《书》《礼》

《易》《乐》《春秋》六经，力行修身、齐家、治国、平天下之道，养成君子德能，被称之谓"士君子"，逐步参与国家社会治理，成为变革社会、恢复周礼的重要力量。

> 所谓治国必先齐其家者，其家不可教而能教人者，无之。故君子不出家而成教于国。孝者，所以事君也；悌者，所以事长也；慈者，所以使众也。《康诰》曰："如保赤子。"心诚求之，虽不中不远矣。未有学养子而后嫁者也。一家仁，一国兴仁；一家让，一国兴让；一人贪戾，一国作乱：其机如此。此谓一言偾事，一人定国。（《礼记·大学》）

《大学》告诉我们：治理国家必须先管理好自己的大家庭，不能教导好家人，而能教导好别人的人，是没有的。所以，君子在家里就受到了治理国家方面的教育。在家中孝顺父母，在朝廷忠诚君主；在家中敬重兄长，在官场尊敬官长；在家中爱儿爱女，在社会关爱民众。《尚书·康诰》说："爱护人民如同爱护自己的婴儿一样。"真心诚意地朝着这个方向去追寻，即使达不到理想的境地，也不会相差太远。要知道，从来没有先学会生养儿女，然后才嫁人的啊。一个个家庭都和睦恩爱，就会形成一个国家仁爱的风尚；一个个家庭都谦恭礼让，一个国家也会兴起谦让的风尚；国君贪得无厌残暴无道，全国人民都会起来反抗。事情的缘由与后果就是这样紧密相连，这就叫做：一句话就会坏事，一个人就能安邦定国。

古代的"士君子"就是在这种家庭土壤和社会环境中成长壮

大起来的。

> 是故未有君，而忠臣可知者，孝子之谓也；未有长，而顺下
> 可知者，弟弟之谓也；未有治，而能仕可知者，先修之谓也。故
> 曰：孝子善事君，弟弟善事长，君子一孝一弟，可谓知终矣。
> （《大戴礼记·曾子立孝》）

曾子说：尽管他没有侍奉过君主，但知道他会做个忠臣，因
为他是个非常孝敬父母的孝子——忠臣必出于孝子之门；虽然他
没有效力于长上，但知道他会做一个恭顺的下属，因为他深明孝
悌之道，对他的兄长很敬重；虽然他没有参与过国家社会的治
理，但知道他能做个好官，因为他已经把自身的德行修养得很好
了。所以说：孝敬父母的孝子善于侍奉君主，敬重兄长的兄弟善
于侍奉长上，君子能做到孝敬父母和敬重兄长，就知道他最终必
然有一个圆满的人生。

孔子倡导的士子精神，是儒学绵延不绝的重要原因之一。士
子承袭了夏商周 3 代的礼乐传统，超越了个人与小团体的私利，
不仅具有知识与技能，而且关注国家和民族的命运。

> 曾子曰："士不可以不弘毅，任重而道远。仁以为己任，不
> 亦重乎？死而后已，不亦远乎！"（《论语·泰伯》）

曾子说："士子不可以不弘大刚强而有毅力，因为他肩负的
责任非常重大，到达他宏伟目标的路途十分遥远。把天下归仁作

为自己的目标和责任，难道还不重大吗？奋斗终身，死而后已，难道路途还不遥远吗？"

子曰："志士仁人，无求生以害仁，有杀身以成仁。"（《论语·卫灵公》）

孔子说："心怀仁德的有志之士，没有因为贪生怕死而损害仁德的，只有以牺牲自己的生命来成全仁德。"

孔子所说的"杀身成仁"，体现了他的生死观。生命对每个人来讲都十分宝贵，但还有比生命更宝贵的，那就是仁德。在生死关头宁可舍弃生命，也不能让自己崇高的品德有丝毫伤害。自古以来，它激励着多少仁人志士，为国家和民族的生死存亡而抛头颅，洒热血，谱写了一首首可歌可泣的壮丽诗篇。

孔子的"杀身成仁"、孟子的"舍生取义"等为人的生死大义，铸造了中国古代士子的独立人格与高尚品德，不仅对中国知识分子的成长，而且对中华民族性格的形成与发展产生了深远影响，他们为了国家利益与人民幸福，不惜牺牲自己生命的责任担当，是我国优秀传统文化的核心价值观。我们应该发扬光大，使之成为实现中华民族伟大复兴的重要动力。

三、当代士子——无愧于时代的民族脊梁

当代士子，相当于当今社会的公职人员和知识分子。这部分

人传承了历史上志士仁人的优良传统,志存高远,勇于担当,踏实肯干,爱国为民。远远超出了《孝经·士章》中"保其禄位,守其祭祀""夙兴夜寐,无忝尔所生"的家庭局限与"小我"格局,升华到关注家国天下、人类命运的崇高境界。

中国改革开放 40 多年,经济总量从世界排名第 15 位,跨越到第 2 位,综合国力空前壮大,创造了全球瞩目的"中国奇迹"。在这个过程中,有一个群体特别被人关注,那就是出国留学人员。据教育部统计,从 1978 年到 2018 年底,我国各类出国留学人员累计达 585.71 万人。其中 153.39 万人正在国外进行相关阶段的学习和研究,432.32 万人已完成学业,365.14 万人在完成学业后选择回国发展。1978 年中国出国留学人员只有 860 人,学成回国留学生 248 人,回国率为 28.8%;2018 年我国出国留学人员为 66.21 万人,学成回国人员为 51.94 万人,回国留学人员占出国留学人员的比例为 78.45%。由此可见,随着中国经济高速发展,各行各业前景光明,中国不断迎来留学生的"归国潮"。2008 年 12 月,中国决定实施引进海外高端人才的"千人计划",激起了大批海外学子回国效力的热情。西湖大学校长、中国科学院院士、结构生物学家施一公,中国科学院院士、中科院量子科学实验卫星先导专项首席科学家、"量子之父"潘建伟,著名地球物理学家、"时代楷模"黄大年均是其中的佼佼者。

面对 2020 年突如其来的新冠病毒疫情,当代士子们的表现令人钦佩,不能不大书特书!84 岁的钟南山院士,73 岁的李兰娟院士,临危受命奔赴武汉疫情前线研究诊疗;"疫情上报第一人"张继先医生,为全国疫情防控拉响警报,为防止疫情蔓延争取了宝贵的时间；武汉市金银潭医院院长张定宇，身患"渐冻"绝症，妻子被感染隔离，瞒着所有人，率领六百多位白衣战士冲锋在前；还有那些平时在家中被娇宠的"90后""00后"医护人员，在责任和担当的感召下，勇敢地从死神手中抢救病患，让人刮目相看。这就是中华民族志士仁人的伟大精神，几千年延续不断的世代传承。

第六章
庶民之孝：万民行孝，天下康宁

《孝经·庶人章》

用天之道，分地之利，谨身节用，以养父母，此庶人之孝也。故自天子至于庶人，孝无终始，而患不及者，未之有也。

孔子说：普通民众要明白天地生生不息的道理，善于利用自然的季节变化，按时令安排农事。因地制宜地种植适应当地生长的农作物。心存敬畏，行为谨慎，勤劳节俭，孝养父母双亲。这就是普通老百姓的孝道。所以上自尊贵的天子，下至普通民众，孝道无论是始于事亲，还是终于立身，有志者，事竟成。担心自己做不到，那是不可能的。

一、天生民，民贵敬畏与勤奋

中国古代圣贤认为，天生万物，其中最尊贵的就是人，所以人民也被称为天民。

> 惟天地万物父母，惟人万物之灵。亶聪明，作元后，元后作
> 民父母。……天佑下民，作之君，作之师，惟其克相上帝，宠绥
> 四方。……天矜于民，民之所欲，天必从之。（《尚书·泰誓》）

周武王在讨伐无道昏君殷纣王的誓师大会上说：天地是万物
的父母，人类是万物之灵。只有真诚仁厚、聪明睿智的人，才能
被上天选定，做人民的父母。上天保护人民，为人民设立君主，
设立导师，就是希望他们辅助上天，爱护和安定天下百姓。上天
怜悯同情人民，人民的愿望，上天一定会依从。

> "天之生民，非为君也；天之立君，以为民也。"（《荀子·大
> 略》）

战国时的思想家荀子认为："上天繁育万民，不是为了君主；
上天设立君主，却是为了人民。"

"天地之大德曰生"。我们每个人一来到这个世界上，睁开眼睛
就看到了天地之间，山川壮观，景色秀丽，阳光雨露，滋养万物。
不知不觉便萌生出一种敬畏之心和感激之情。这种情感最初折射到
的对象，就是与我们亲密无间、呵护陪伴的父母双亲。感受父母的
慈爱和关怀，产生对父母的亲近和依恋，感叹父母的无所不能与高
大伟岸。当我们渐渐长大，看到了更广阔的世界，小心思一天天多
了起来，私欲和贪念也在增多，社会处处充满着诱惑。儿时的纯真

蒙上了灰尘，也淡忘了离家时父母的千嘱咐万叮咛……

写到这里，我不禁想起了《六祖坛经》中神秀禅师的一个偈子："身是菩提树，心如明镜台，时时勤拂拭，莫使惹尘埃。"我们立于天地之间，作为万物之灵的人，时时刻刻不要忘了头顶上仁爱的苍天，脚底下深厚的大地；不要忘了生我养我的爹娘和来时的路；不要忘了纯真的初心；不要忘了孔子孜孜不倦地给我们讲的《孝经》。

子夏问孝，子曰："色难。有事，弟子服其劳；有酒食，先生馔，曾是以为孝乎？"（《论语·为政》）

孔子的弟子子夏问老师什么是孝，孔子说："儿女孝敬父母，最不容易做到的，就是时时刻刻能够对父母和颜悦色。有了事情，儿女替父母去办；有酒肉饭菜，让父母吃，难道仅仅这样做，就是对父母孝敬了吗？"

孔子同弟子们还有许多关于孝道的讨论，涉及到各个方面和各个层次，关键之处在于，居家过日子要让父母吃饱穿暖，衣食无虑；心灵深处要让父母感受到敬爱有加，活得有尊严。

孔子要求普通老百姓的孝，回归到最朴素、最起码的层面，就是要能够赡养父母。当然，前面我们也谈到了，这个赡养，不仅仅是吃饱穿暖，还必须是发自内心的恭敬，和颜悦色的关爱。要想把父母孝敬好，必须要勤劳、肯干。要善于"用天之道，分地之利"。要有一颗对天地的敬畏之心，珍爱自然，顺应天常。

不违农时，谷不可胜食也；数罟不入洿池，鱼鳖不可胜食也；斧斤以时入山林，材木不可胜用也。谷与鱼鳖不可胜食，材木不可胜用，是使民养生丧死无憾也。……五亩之宅，树之以桑，五十者可以衣帛矣；鸡豚狗彘之畜，无失其时，七十者可以食肉矣；百亩之田，勿夺其时，数口之家可以无饥矣；谨庠序之教，申之以孝悌之养，颁白者不负戴于道路矣。（《孟子·梁惠王上》）

孟子认为："老百姓耕种不违背农时，粮食就会多得吃不完；不用细密的渔网到大堰塘里捕鱼，只逮长成的大鱼，保护幼小的鱼苗，鱼鳖就会多得吃不完；在适当的时候才进山林，去砍伐适量和必要的木材，木材就会多得用不完。粮食和鱼鳖多得吃不完，木材多得用不完，这就会让老百姓养老送终，都没有什么遗憾了。5亩大的宅园，在里面种植桑树，50岁的人就能穿上丝绵袄了。鸡狗和猪等家畜，不扰乱它们生育的时节，70岁的老人就能吃上肉了。百亩大的农田，不去妨碍农夫适时耕种，数口人的家庭就可以免于饥饿了。认认真真地办学校，反复用孝悌之道来教导子弟，年轻人就会照顾老人，须发斑白的老人就不必背负着重物在路上行走了。"

二、民为本，本固天下宁

中华文化，自古就有以民为本的优良传统。无论是圣明的君王，还是智慧的圣人，都把人民放在社会安定、国家稳固的根本位置上。古今中外，普通民众都是社会人口的绝大多数，是社会的主体和基石。

> 皇祖有训，民可近，不可下，民惟邦本，本固邦宁。（《尚书·五子之歌》）

伟大的祖先大禹曾经有明确的训戒，人民可以亲近，不可以轻视和疏远；人民是国家的根本，根本牢固，国家才能安宁。

> 天聪明，自我民聪明。天明畏，自我民明威。达于上下，敬哉有土！（《尚书·皋陶谟》）

上天明察一切，来自于民众的明察。上天赏罚分明，来自于民众的赏罚意愿。上天和民众之间是互相通达的，所以要保持一份敬畏之心才能保住江山社稷。

> 子适卫，冉有仆。子曰："庶矣哉！"冉有曰："既庶矣，又何加焉？"曰："富之。"曰："既富矣，又何加焉？"曰："教之。"（《论语·子路》）

孔子到了卫国，他的弟子冉有为他驾车。孔子看到市面上人来人往，熙熙攘攘，不禁感叹道："人口真多呀！"冉有说："人口多了应该做些什么？"孔子说："使他们富裕起来。"冉有说："富裕了以后还要做些什么呢？"孔子说："对他们进行教化。"在这里，孔子提出了要先让老百姓富起来，然后对他们进行教育，这比较符合人类社会发展规律。在孔子的观念中，教化民众始终是十分重要的事情。孔子谈庶人之孝，也是基于这一点。中华孝道传承了几千年，对中华民族繁衍生息和社会稳定起到了很好的作用。近代以来却遇到了前所未有的挑战，先是"五四"运动时的"打倒孔家店"，到"文化大革命""批林批孔"十年动乱，使中华优秀传统文化遭遇了空前的大劫难，中华孝道被当成封建糟粕进行批判，在年轻人的头脑中逐渐淡化，发生了许许多多老人被子女虐待、弃养的人间悲剧。中国改革开放、拨乱反正以后，社会逐渐步入正常轨道。习近平新时代中国特色社会主义思想的确立，吹响了中华民族伟大复兴的进军号角，《新时代公民道德建设实施纲要》的颁布，使中华传统美德得到空前的礼敬，中华孝道得以在全社会广泛弘扬，我们才有幸隆重地请回孔老夫子，请他亲切地向我们传授《孝经》。

中国社会当前已经步入了老龄化阶段，据国家统计局统计，中国大陆 2019 年末，总人口已经突破 14 亿，60 周岁及以上人口达到 25388 万人，占总人口的 18.1%，其中 65 周岁及以上人口17603 万人，占总人口的 12.6%。国际上通常把 60 岁以上人口占总人口比例达到 10%，或 65 岁以上人口占总人口的比重达到7%，作为国家或地区进入老龄化社会的标准，而我国早在 2000年就已经进入了老龄化社会。老龄化社会一个很重要的问题，就是在全社会范围内，要形成一个敬老、爱老的社会氛围，使老有所依，老有所养，让老人家心情愉快，身体健康。中华孝道在其中就会发挥独特的作用。

中华民族是个十分重视家庭亲情的民族，小时候，父母对儿女倾注了全部感情，精心呵护，恩重如山。唐代贾岛的《游子吟》："慈母手中线，游子身上衣。临行密密缝，意恐迟迟归。谁言寸草心，报得三春晖。"感动了一代又一代的中国人。中华民族又是个知恩报恩的民族，我们虽然已经长大，但对父母的那份依恋，将伴随终身。作家毕淑敏在《孝心无价》中说："父母在，人生尚有来处；父母去，人生只剩归途。"子女最大的遗憾是：树欲静而风不止，子欲养而亲不待。中华孝道，应对当今社会的老龄化是上上良策。中国人最乐见的场景是四世同堂，儿孙绕膝，老少和睦，其乐融融。居家养老是其最佳的选择。在家中，子女的那份孝心，可以给年老的父母带来无比的温暖，使父母在亲情中乐以忘忧。居家养老也是成本最低的养老方式。住在自己的房子里，看着儿女忙前忙后，没有经济负担，心里安稳踏实。加之近年来南京、武汉两地通过设置家庭养老床位、安装智能硬件设备、实行"互联网+居家养老"等养老模式的创新，让老年人在家里也能享受到专业化的养老服务，缓解了许多独生子女上班工作和照顾老人时不时地发生时间冲突的矛盾，使父母得到了子女的孝心+专业养老机构精准医护的双重享受，为解决老龄化社会时代难题，促进社会稳定进行了积极的探索。

三、孝无终始，道不远人

孔子在《孝经》这一章里说："自天子至于庶人，孝无终始。

而患不及者，未之有也。"这是孔子在总结了天子、诸侯、卿大夫、士和庶人"五孝"之后，得出的一个结论。我们应该怎样来理解他的这个论断呢？

孔子在《孝经·开宗明义章》里说："夫孝，始于事亲，中于事君，终于立身。"每个人都是父母所生，最先接触的人就是自己的父母，父母对儿女精心的呵护和倾注全部情感的抚养，儿女就会感到父母与自己的骨肉亲情，自然而然地就会孝敬父母。天子有父母，乞丐也有父母，他们的爱尽管在表层形式上千差万别，但本质上却是一样的。乞丐能把讨来的饭，先端到父母面前，让父母先吃，他就是在对父母尽孝。"始于事亲"很好理解。

"中于事君"也不难理解。虽然不是每个人都有机会到朝堂之上去侍奉君王，但人们做事的地方都会有上司；即便贵为天子，也曾当过太子；就算是个家庭妇女，家中也有家长。尽职尽责地做好自己的本职工作，有责任，敢担当，让领导放心，让顾客满意，你就尽到了事君的责任。

"终于立身"，这里面的学问就大多了。一般人可能会觉得，我一个普通的老百姓，"立身行道，扬名于后世，以显父母"，与我连边都不沾。其实大错特错！殊不知，平凡孕育着伟大，英雄总是来自于人民。二十四孝中的孝子闵子骞，已经流传了几千年；普通战士雷锋，成为新中国亿万人民学习的典范。进入新时代后的当代孝子，更是层出不穷，数也数不完。所以孔子说，"自天子至于庶人，孝无终始。而患不及者，未之有也。"无论是孝之始于事亲，中于事君，还是终于立身，只要你愿意做，没有做不到的。孔子曰："道不远人"。不管你做，还是不做，孝道就在你身边。你不行孝道，就会父子反目，兄弟争斗，家事纷乱，鸡犬不宁。你力行了孝道，就会家庭和睦，万事如意，人人快乐，幸福美满。家和万事兴，国运更昌盛。因为千家万户构成了国，国更连着千万家。

第七章
"三才"天地人 孝道是根本

《孝经·三才章》

曾子曰:"甚哉,孝之大也!"子曰:"夫孝,天之经也,地之义也,民之行也。天地之经,而民是则之。则天之明,因地之利,以顺天下。是以其教不肃而成,其政不严而治。先王见教之可以化民也,是故先之以博爱,而民莫遗其亲;陈之以德义,而民兴行。先之以敬让,而民不争;导之以礼乐,而民和睦;示之以好恶,而民知禁。《诗》云:'赫赫师尹,民具尔瞻。'"

曾子说:"多么博大精深啊,孝道太伟大了!"孔子说:"孝道,犹如天上日月星辰的运行,地上万物的自然生长,天经地义,是人类首要的品行。天地有其自然法则,人类从这一法则中领悟到,实行孝道应为人类自身的法则而遵循它。效法上天日月星辰光耀四方,利用大地的山川湖泽,获取赖以生存的便利,因势利导地顺乎自然规律,对天下民众施以政教。因此,其教化不需要采用严肃强力的手段就能获得成功;对社会的治理,不需要采用严刑峻法就能治理得很好。先代的圣王看到通过教育可以感化民众，所以带头实行博爱，民众就没有人会遗弃自己的父母双亲；向民众展示道德仁义，民众就会主动地去力行；带头尊敬别人，谦恭礼让，民众就不会互相争抢；用礼仪和音乐教育引导民众，民众就能和睦相处；向民众展示什么是令人向往的美好的东西，什么是令人厌恶的丑陋的东西，民众就能够明辨是非，不会违犯禁令。《诗经·小雅·节南山》里说：'威严显赫的尹太师，万民都在仰望着你！'"

中国文化把天、地、人合称"三才"。

"昔者圣人之作《易》也，将以顺性命之理，是以立天之道，曰阴与阳；立地之道，曰柔与刚；立人之道，曰仁与义。兼三才而两之，故《易》六画而成卦。"（《易经·说卦》）

《易经》告诉我们，从前圣人为了探究宇宙万物的本性，发掘宇宙自然法则一贯的真理，于是创作了《易经》。圣人将天的法则定义为阴与阳，将地的法则定义为柔与刚，将人的法则定义为仁与义。把天、地、人三才各自的两个方面兼顾起来，以六画组成一组，再区别爻（yáo）的阴阳，交替在柔位和刚位上，所以《易经》以6个爻位组成有条理的体系。

"《易》之为书也，广大悉备，有天道焉，有人道焉，有地道焉，兼三才而两之，故六。六者非它也，三才之道也。"（《周易·系辞下》）

《易经》这部书，内容非常广大，所有的大道，无不完备。有上天的大道，有人世间的大道，有大地的大道。完全包容天、地、人三才而又各有阴阳两性，所以每卦有六爻，六爻所体现出来的不是别的，正是天、地、人三才的大道。

本章孔子谈孝道是"天之经，地之义，民之行"，圣王能遵天地之道，顺人性人情，因此为"三才"。

一、孝亲尊长，天经地义

孔子为什么说："夫孝，天之经也，地之义也，民之行也?"

河间献王问温城董君曰："《孝经》曰：'夫孝，天之经，地之义。'何谓也，"对曰："天有五行，木、火、土、金、水是也。木生火，火生土，土生金，金生水，水生木。水为冬，金为秋，土为季夏，火为夏，木为春。春主生，夏主长，季夏主养，秋主收，冬主藏。藏，冬之所成也。是故父之所生，其子长之；父之所长，其子养之；父之所养，其子成之。诸父所为，其子皆奉承而续行之，不敢不致如父之意，尽为人之道也。故五行者，五行也。由此观之，父授之，子受之，乃天之道也。故曰：'夫孝者，天之经也'。此之谓也。"

王曰："善哉！天经既得闻之矣，愿闻地之义。"对曰："地出云为雨，起气为风。风雨者，地之所为。地不敢有其功名，必上之于天。命若从天气者，故曰天风天雨也，莫曰地风地雨也。勤劳在地，名一归于天，非至有义，其孰能行此？故下事上，如地事天也，可谓大忠矣。土者，火之子也。五行莫贵于土。土之于四时无所命者，不与火分功名。木名春，火名夏，金名秋，水名冬。忠臣之义，孝子之行，取之土。土者，五行最贵者也，其义不可以加矣。五声莫贵于宫，五味莫美于甘，五色莫盛于黄，此谓孝者地之义也"。王曰："善哉！"（《春秋繁露·五行对》）

汉景帝的儿子河间献王刘德，询问温城董仲舒说：《孝经》上说"孝是天经地义的"，这是什么意思？董仲舒回答说：天有五行，就是木、火、土、金、水。从木开始，循环相生。木生火，即木料通过燃烧而生成火；火生土，即任何东西经过火烧而成为灰土；土生金，即由土中挖出矿石，矿石可以炼成金属；金生水，即金属制作的承露盘，晴夜向月，可以得到露水；水生木，即水的灌溉能使树木生长。由这五行相生的基本内涵，进一步引申、推广为宇宙万物的相互演变化生，形成五行相生学说。水德盛是冬天，水是冷的，当凝结为冰时就更冷了，因此用"水"象征冬；金德盛是秋天，金属在古代主要用其做兵器，寓含杀气，因此就用"金"象征秋；土德盛是夏、秋之交的季夏，它是从夏季的火生出来，又转而生成秋季的金；火德盛是夏天，夏天炎热，因此就用"火"象征夏；木德盛是春天，春季草木都生长起来了，以此就用"木"象征春。春季主生发，夏季主成长，季夏主养育，秋季主收获，冬季主储藏。储藏是冬季所要完成的。所以从五行的相生，我们可以体认出来，父亲所生发的东西，他的儿子使之长成；父亲所长成的东西，他的儿子就加以养护；父亲所养护的东西，他的儿子就完成它。凡是父亲所做的，他的儿子全承接下来继续去做，不敢有丝毫懈怠，影响父亲的意愿实现，竭尽做人的本分。所以木、火、土、金、水五行，就是仁、义、礼、智、信5种品行。从这点看来，父亲传授，儿子承接，这是上天的大道。所以《孝经》说："夫孝，天之经也。"说的就是这个意思。

河间献王刘德说：说得好啊！"夫孝，天之经也"已经听说过了，接下来希望听听"夫孝，地之义也"。董仲舒回答说："大地生出云雾而形成雨水，发出气流而形成风。风和雨，是大地生成的。可是大地不敢居有这个功绩和名声，一定把功绩和名声奉献给上天，好像是遵循上天的命令而完成的，所以叫做天刮风，天下雨，而不说地刮风，地下雨。辛勤劳苦的是大地，可名声完全归属上天。如果不是极其有道义，怎么能做到这样呢？所以在下位的人侍奉在上位的人，如同大地侍奉上天，可以说是最大的忠诚。木德盛时叫春季，火德盛时叫夏季，金德盛时叫秋季，水德盛时叫冬季。土是火生的，是火的儿子，五行中没有什么比土更尊贵的。土德盛是夏、秋之交的季夏，对于四季，不专主哪一个季节，不跟火、金分享功绩和名声。忠臣的道义，孝子的德行，都是效法土德的。土是五行中最尊贵的，它所包含的道义不能再添加了。五声宫、商、角、徵、羽中，没有比宫声更尊贵的，五味中没有比甜味更美好的，五色中没有比黄色更壮美的，这就是说孝是地之义。"河间献王说："说得好哇！"

孔子在《孝经》本章中接着说："天地之经，民是则之。"民众为什么能效法天之经和地之义呢？前面我们已经谈过，人是万物之灵，是地球上最有灵性即主观意识的生命体。人有知识、有智慧，最要紧的是更有道义。所以一个人如果不仁不义的话，简直就不是人。为什么孔子那么重视仁义，老子那么重视道德，因为仁义道德是把人的位置提高的唯一要件。植物没有什么仁义道德，动物也没有什么仁义道德。西方那些奉行弱肉强食、丛林法则的社会达尔文主义者，也不讲仁义道德。社会达尔文主义者，推行强权政治，称霸世界，为了一己私利，侵略、制裁别的国家；看到别的国家强大起来，就无端打压，招致人怨天怒！苍天何曾饶过谁？2020年这场全球新冠病毒大流行，在中国迅速得到控制，在美国泛滥成灾，就是上天对他们罪有应得的惩罚。

孔子在《孝经》本章中接着说："则天之明，因地之利，以顺天下。"天之明和地之利，又是怎样体现的呢？

《中庸》告诉我们：广博深厚是地的特征，崇高光明是天的形象，悠远长久，永无止境。像这样它不必自己表现，自然彰明显著；不必自己行动，自然变化莫测；不必自己有所作为，自然成就万物。天地之道，用一句话可以把它说清楚：造物者至诚纯一，它化育万物妙不可测。天地之道，广博、深厚、高大、光明、悠远、长久。现在比如说天，不过是一点一点光亮的积聚，可它最终形成了无穷无尽的天体，悬挂着日月星辰，覆盖着大地上的万物。说到地，不过是一把一把泥土积累，等它形成广博深厚的大地，却载着像华岳那样的大山也不觉得重，汇聚河海那么多水也不会泄漏，地上万物，大千世界都由它承载。再说山，不过是由拳头大的石块所累积，等它长到高大无比时，草木生长在上面，禽兽栖息在上面，蕴藏的宝物无穷无尽。再看看水，不过是一勺一勺聚到一起，等到它汇聚成海洋，蛟龙鼋鼍（yuán tuó）鱼鳖都生长在里面，珍珠珊瑚等奇珍异宝都在里面繁殖。《诗经·周颂·维天之命》有云："想那天道在运行，庄严肃穆永不停。"大概就是说天之所以为天吧！

《中庸》中的这段话，把天之明，地之利，展现得淋漓尽致。民众效法天地这种德行，力行孝道，老吾老以及人之老，幼吾幼以及人之幼，就会使家庭和睦，社会安定，天下和顺。

二、以孝化人，不肃而成

孔子讲先王以孝立教，教化民众，不肃而成，就是不用很严肃、很强力地去推行，民众就乐意接受，教化就能够成功；其政不严而治，就是他的行政，不用严刑峻法，社会也会治理得很好。这是为什么呢？

我们回顾前面谈过的"五孝"：**天子之孝**：天子孝敬自己的父母，就不敢厌恶、轻慢天下人的父母，以赤诚的爱心和恭敬的态度，尽心尽力地侍奉父母双亲，做出表率，这种尽善尽美的德行就会感化黎民百姓，使天下百姓竞相效法。**诸侯之孝**：居于上位而不骄横，地位虽高也不会倾倒；善于自律，生活节制，财富再多也不会流失。尊贵和财富不离开自己，就能保住江山社稷，与民众共享太平。**卿大夫之孝**：不是先王传下来合乎法度的服装，就不敢穿，不是先王所言合乎法度的言辞，就不敢言讲，不是先王所行的有德品行，就不敢行。开口说话，不假思索就能合乎礼法，为人处世，随心所欲也不会逾越规矩。于是自己的言辞虽然天下人尽皆知，也不会有过错，自己的行为即使影响天下，也没有人抱怨和厌恶。这样就能使自己祖宗的香火越烧越旺。**士子之孝**：士子用孝顺父亲之心去孝顺母亲，两者的爱是相同的；用尊敬父亲的心去敬畏君王，两者的崇敬也是相同的。以此，用孝道来侍奉君王就忠诚，用敬道侍奉长上就和顺。用忠、顺这两种德行侍奉君上，就不会失去自己的官职和俸禄，守住重要节庆日子对祖先的祭祀。**庶人之孝**：普通民众明白天地生生不息的道理，善于利用自然的季节变化，按时令安排农事。因地制宜地种植适应当地生长的农作物。心存敬畏，行为谨慎，勤劳节俭，孝养双亲。

上自尊贵的天子，下至普通百姓，每个人按照各自的身份地位，尽职尽责，做好自己，全社会的道德水平怎么会不高？社会风气怎么会不好？天下怎么会不太平？最终必然会达到"圣人之教不肃而成，其政不严而治"的目标，就会实现孔子在《礼记·礼运》中所表述的"大同"盛世：

孔子曰："大道之行也，天下为公。选贤与能，讲信修睦，故人不独亲其亲，不独子其子，使老有所终，壮有所用，幼有所长，矜寡孤独废疾者，皆有所养。男有分，女有归。货恶其弃于地也，不必藏于己；力恶其不出于身也，不必为己。是故谋闭而不兴，盗窃乱贼而不作，故外户而不闭，是谓大同。"

孔子所推崇的"大道之行，天下为公"，就是我们在前面讲天子之孝时谈到的，上古唐尧、虞舜时代的"大同"盛世。他们选贤任能，用能力超强的贤人治理天下；讲信修睦，取信于民，在天下众多诸侯国中树立起崇高的威望，就连四面八方偏远的蛮夷之邦，也都心悦诚服。他们不仅关爱自己的父母儿女，也让全天下的父母儿女感到温暖和被关爱；使老年人都得到赡养，青壮年有用武之地，少年儿童能健康成长；孤寡病残都能得到适当的安置。男人在社会上有地位，女人能找到好的归宿。全社会形成了良好的社会风尚，人人争相为国效力，深恶痛绝铺张浪费，阴谋诡计没有市场，盗窃乱贼重新做人。路不拾遗，夜不闭户，黎民百姓，安享太平。历史学家称之为原始共产主义。

三、圣人教化，博大精深

孔子在《孝经·三才章》里，全方位、多角度地阐述了圣人教化的精彩内容和有效方法。

"先之以博爱，而民莫遗其亲。" 古代圣明的君王，带头实行博爱，于是，就没有人会遗弃自己的父母双亲。博爱，是对全体人民广泛的关爱，是人与人之间一种互相关心、互相帮助，有一颗热忱的心。博爱，既是无私的，又是广大的。既能把这种爱给予亲人、朋友，也能把这爱给予不认识的人。君王能够做到博爱，就会对全天下的人民产生示范效应，纯净社会风气，让爱洒满人间。更不用说对自己恩重如山的父亲、母亲。近代以来，受基督教的影响，很多人以为，博爱来自基督教的教义："爱上帝""爱人如己"等。其实，孔子比《圣经》中神的儿子耶稣早 500 多年，孔子在《孝经》中提出"博爱"，显而易见是最早的。法国十七八世纪启蒙思想家伏尔泰对孔子推崇备至，把自己的书房命名为"孔庙"。他同卢梭、孟德斯鸠等，广泛传播自由、平等、博爱的社会政治思想。1795 年，自由、平等、博爱写入法国宪法，其中有："博爱即'己所不欲，勿施予人；己所欲者，常施予人'的精神。"原封不动地引用了《论语》中的经典句子。可见，博爱思想是地地道道的中华智慧。

"陈之以德义，而民兴行。""德"，是中国人最在乎的一种精神内涵。说一个人"有德"，是对他人品的最高评价；说一个人"缺德"，可以说就是对这个人的彻底否定。"有德"或"缺德"，对一个国君来说，是赢得民心还是失去民心的一个分水岭。

子曰："为政以德，譬如北辰，居其所而众星共之。"（《论语·为政》）

孔子说："国君以仁德来治理国家，就会像北极星那样，居于自己所在的位置上，而群星都会环绕在它的周围拱卫着它。"

上面的论述是孔子德政思想的集中体现，强调国君道德人格的影响力，同时体现了圣人治国以德化人，无为而治的治国理念。

"义"是道义，是对一个人外在行为的价值评价。据《礼记·礼运》记载，圣贤有"十义"之说：

何为人义？父慈，子孝，兄良，弟弟（悌），夫义，妇听，长惠，幼顺，君仁，臣忠，十者谓之人义。

"义"这个字，听起来让人为之一振，在我们的品德中，永远都存在"义"，缺少了"义"，就成了被唾弃的人，成了畏首畏尾、瞻前顾后、自私自利、事不关己高高挂起的人。人有了道义，才会得到大家的尊敬。生活中，与亲人、朋友相处，我们也要讲究一个"义"字，而不能一遇事就躲到人后。应该勇于担当，为亲人朋友分担痛苦，排忧解难。这样，才算得上是一个有道义的人。君王展示自己的仁德、道义，为民众做出示范，感化民众起来效法，付诸行动。

"先之以敬让，而民不争。" 圣明的君王以身作则，谦恭礼让，尊敬黎民百姓，形成社会和谐礼让的风尚，就没有人再为一点小事互不相让，厮打争斗。

君子敬以直内，义以方外，敬义立，而德不孤。（《周易·坤卦·文言传》）

这句话的意思是，君子用恭敬谨慎的态度，来修持内心的真诚，以正义为准则，作为外在行为的规范，只要确立恭敬真诚与正义仁德的精神，君子就会得到众人信赖与支持，不会孤立。

樊迟问仁。子曰："居处恭，执事敬，与人忠。虽之夷狄，

不可弃也。"（《论语·子路》）

樊迟向老师请教什么是仁。孔子说："平常在家要恭顺，即对父母要孝顺，对兄长要恭敬；在外做事要爱岗敬业，精益求精；与人相处要以诚相待，忠厚有礼，保持一个谦谦君子的本色。即使到了偏远的少数民族地区，也不要放弃这些做人的原则。"

关于"让"，最伟大的"让"，是尧、舜帝位的禅让，还有虞舜在历山做出了敬让的典范。

舜耕历山，历山之人皆让畔；渔雷泽，雷泽上人皆让居；陶河滨，河滨器皆不苦窳（yǔ）。一年而所居成聚，二年成邑，三年成都。（《史记·五帝本纪》）

虞舜在历山耕作，受他敬让的影响，历山人都能互相谦让地界；在雷泽捕鱼，雷泽的人都能谦让便于捕鱼的好位置；在黄河岸边制作陶器，都很讲究质量，完全没有次品。一年的功夫，虞舜住的地方就成为一个村落，二年就成为一个小城镇，三年就变成大都市了。所以说，榜样的力量是无穷的！

"导之以礼乐，而民和睦。"先王制定了礼仪和音乐，引导和教育民众，于是，民众就能和睦相处。

子曰："礼也者，理也；乐也者，节也。君子无理不动，无节不作。不能《诗》，于礼缪；不能乐，于礼素；薄于德，于礼

虚。"子曰："制度在礼，文为在礼，行之，其在人乎！"（《礼记·仲尼燕居》）

孔子说："所谓礼，就是道理；所谓乐，就是节制。没有道理的事君子不做，没有节制的事君子也不做。如果不能赋《诗》言志，在礼节上就会出现差错；能行礼而不能用乐来配合，礼就显得单调呆板。如果道德浅薄，即便行礼也只是一个空架子。"孔子又说："各种制度是由礼来规定的，各种文饰行为也是由礼来规范的，但要实行起来，却是非人不可呀！"这段话，正好印证了《论语·泰伯》中孔子"兴于诗，立于礼，成于乐"的论断。

《礼记·仲尼燕居》记载了孔子对礼的作用的进一步阐述：

子曰："礼者何也？即事之治也。君子有其事，必有其治。治国而无礼，譬犹瞽之无相与？伥伥其何之？譬如终夜有求于幽室之中，非烛何见？若无礼则手足无所错，耳目无所加，进退揖让无所制。是故，以之居处，长幼失其别；闺门，三族失其和；朝廷，官爵失其序；田猎，戎事失其策；军旅，武功失其制；宫室，失其度；量鼎，失其象；味，失其时；乐，失其节；车，失其式；鬼神，失其飨；丧纪，失其哀；辩说，失其党；官，失其体；政事，失其施，加于身而错于前，凡众之动，失其宜。如此，则无以祖洽于众也。"

孔子说："礼是什么呢？礼就是做事的方法。君子一定有要做的事，那就必定要有做事的方法，治理国家而没有礼，那就好比瞎子走路而没有助手，迷迷茫茫不知该往哪里走；又好比整夜在暗室中寻找东西，没有烛光能看见什么？如果没有礼，就会手脚不知该往哪儿放，耳朵不知该听什么，眼睛不知该看什么，在社交场合是该进、该退、该揖、该让就全都乱了套。这样一来，日常生活中长辈、晚辈也就没大没小了，大家庭内部几代人也失去了和睦，朝廷上的官爵也乱了秩序；田猎和军事训练也毫无计划；行军打仗也没有了军纪、军规；宫室建筑奢华无度，铸量鼎不讲究规格式样；调五味不考虑春夏秋冬；乐曲乱吹一通；车辆的制造也不依规矩；祭祀鬼神的规格错乱；丧事办得不哀伤；论辩无人响应；百官的职守混乱；政令不知该如何施行，无论怎么做，抬手动脚都出毛病。这样一来，就没有办法融洽社会大众了。"

林放问礼之本。子曰："大哉问！礼，与其奢也，宁俭；丧，与其易也，宁戚。"（《论语·八佾》）

林放请教老师：什么是礼的根本。孔子答道："你问了个意义重大的问题啊！就礼义而言，与其奢侈，宁可节俭；就丧事而言，与其仪式周全，宁可哀恸悲伤。"

接下来，我们再来说说"乐"。

《礼记·乐记》记载：这里所说的"乐"，是由声音所构成的，由对人们内心的刺激而来。因此，心里悲哀时的反应，则发出焦急低促的声音；快乐时起的反应，则发出宽裕舒缓的声音；

喜悦时的反应，则发出兴奋轻快的声音；愤怒时起的反应，则发出粗犷凄厉的声音；崇敬时起的反应，则发出虔诚而直白的声音；爱慕时起的反应，则发出温和而柔顺的声音。这6种反应，并非人们的天性不同，而是因受到外界刺激才产生的。因此古代圣王非常重视能够影响人心的外界刺激。用礼来引导人心，用乐来调和人声，用政令来统一人们的行为，用刑罚来防止邪恶的人干坏事。礼、乐、刑、政，手段虽然不同，但其终极目的是相同的，就是要统一民心而实现政治清明的理想。音乐出于人心，人有感于心，就会发出声音，把声音和节奏组成动听的曲调，就叫做音乐。因此，太平盛世的音乐安详而欢快，反映了当时政治的清明；乱世的音乐怨恨而愤怒，是因为当时政治的混乱；亡国的音乐哀伤而愁思，是当时人民困苦与流离失所的真实写照。由此可见，音乐的意涵与政治治理是息息相通的。

乐发自内心，礼表现于外部。乐发自内心，因此平静；礼表现于外部，所以呈仪式感。盛大的音乐一定是平缓的，最隆重的典礼一定是简单的。音乐教化深入民心，人民便无怨恨；礼教流行，就会消除争斗。所谓"揖让而治天下"，正是礼乐教化发挥了治国理政的重要作用。如果没有暴民作乱，远近诸侯万国来朝，刀枪入库，马放南山，不动用刑罚，百姓无患，天子不怒，就表明音乐的教化已经深入人心了。普天之下，父子关系亲密，长幼相处和谐，国民亲如一家，天子能做到这个地步，就表明礼教在天下畅通无阻了。

"示之以好恶，而民知禁。" 先王向民众展示什么是好的，什么是坏的，民众能够辨别是非，就不会违犯禁令。君王个人的好恶，对社会和民众的影响是很大的。夏桀王喜好宠妃褒姒，为讨得美人欢心，烽火戏诸侯，丢了江山；殷纣王迷恋爱妃妲己，设肉林酒池，炮烙大臣，遗臭万年；楚王好细腰，宫女多饿死。而圣明的君王，制礼作乐，纯净社会风气，力行孝悌之道，尊老爱幼，引导民众，走上康庄大道。

圣人用"博爱""德义""敬让""礼乐""好恶"来教化民众，圣人使用的方法是"先之""陈之""导之""示之"，即率先垂范，行为示范，循循善诱，充分展示，通过春风化雨、润物细无声的教化来实现。因此，民众心悦诚服，竞相效法，产生了社会安定、天下和顺的良好效果。

第八章
孝治天下　四海昌盛

《孝经·孝治章》

子曰："昔者明王之以孝治天下也，不敢遗小国之臣，而况于公、侯、伯、子、男乎？故得万国之欢心，以事其先王。治国者，不敢侮于鳏（guān）寡，而况于士民乎？故得百姓之欢心，以事其先君。治家者，不敢失于臣妾，而况于妻子乎？故得人之欢心，以事其亲。夫然，故生则亲安之，祭则鬼享之，是以天下和平，灾害不生，祸乱不作。故明王之以孝治天下也如此。《诗》云：'有觉德行，四国顺之。'"

孔子说："从前，圣明的君王以孝治理天下，就连小国的使臣都待之以礼，不敢遗忘与疏忽，何况对公、侯、伯、子、男这样一些诸侯呢？所以，就得到了各国诸侯的爱戴和拥护，他们都帮助天子筹备祭典，参加祭祀先王的典礼。治理封国的诸侯，就连鳏夫和寡妇都待之以礼，不敢轻慢和欺侮，何况对士人和平民呢？所以，就得到了百姓们的爱戴和拥护，他们都帮助诸侯筹备祭典，参加祭祀先君的典礼。治理大家族的卿大夫，就连奴婢僮仆都待之以礼，不敢让他们失望，何况对妻子、儿女呢？所以，就得到大家的爱戴和拥护，大家都齐心协力地帮助主人，奉养他们的父母双亲。正因为这样，父母在世的时候，能够过着安乐宁静的生活；父母去世以后，灵魂能够安享祭奠。所以天下祥和太平，自然灾害不会发生，也没有人作乱。圣明的帝王以孝道治理天下，就会出现这样的太平盛世。《诗经·大雅·抑》里说：'天子有高尚的道德和品行，四方之国无不仰慕归顺。'"

一、孝治天下，尊重每一个人

孔子讲孝治天下，先从天子谈起。因为历来都是上行下效。"昔者明王之以孝治天下也，不敢遗小国之臣，而况于公、侯、伯、子、男乎？故得万国之欢心，以事其先王。"小国之臣是指比较小的诸侯国派来的使臣，是最容易不被重视的，从而被慢待。圣明的君王对他们都给予应有的礼遇，可见明王非常尊重人，令人心里感到很温暖。公、侯、伯、子、男，我们在诸侯章里讲过，是周朝分封诸侯的五等爵位。按古代的注解，这五等爵位各有其含义：公者正也，意为行事公正；侯者候也，意思是承担侦查、调查了解情况的公职；伯者长也，为一诸侯国之长也；子者字也，意思是教化子女；男者任也，意思是在王室担任一定的职务。爵位越在前面，地位越高。明王对小国之臣都不敢轻慢，何况对位高权重的诸侯？

开创大唐"开元盛世"的唐玄宗李隆基，亲自为《孝经》作注，并将其刻于石碑上，史称《石台孝经》。他刚继位时，就和兄弟宋王、申王、岐王、薛王、豳（bīn）王同住，经常与兄弟枕一个枕头，盖一床被子，寓意兄弟齐心，皇室和睦。又在皇宫内设五幄，诸王各住其中。对于诸王和睦、皇室安定起着重要作用。可以说，孝文化作为儒家文化的一个重要组成部份，在唐玄宗时期获得了空前的发展。唐玄宗时期统治稳定，社会秩序良好，与李隆基倡导"孝治天下"所形成的浓厚孝文化氛围，有着非常密切的关系。以此实现以孝治国的目的。

孟子曰：得天下有道：得其民，斯得天下矣；得其民有道：得其心，斯得民矣；得其心有道：所欲与之聚之，所恶勿施，尔也。民之归仁也，犹水之就下、兽之走圹也。（《孟子·离娄上》）

孟子说：获得天下有道：获得老百姓的支持，便可以获得天下；获得老百姓的支持有道：获得民心，便可以获得老百姓的支持；获得民心也有道：他们所想要的，就满足他们，他们所厌恶的，就不强加在他们身上，如此而已。老百姓归于仁德，就像水往低处流，野兽在旷野上奔跑一样自然。

孔子接着谈诸侯："治国者，不敢侮于鳏（guān）寡，而况于士民乎？故得百姓之欢心，以事其先君。"诸侯治理自己的封国，就连孤寡老人都待之以礼，给予应有的尊重，更何况对有一定身份地位的士人和民众呢？因此，就会得到其治下人民的爱戴和拥护，帮助国君一起来祭祀他的父祖，参加祭祀先君的典礼。鳏夫是失去妻子的男人，尤其是年老而孤苦伶仃的男人；寡妇是失去丈夫的女人，特别是人老色衰无依无靠的女人，他们都是社会上最弱势的群体；士民是指士人和普通的民众，人生景况比鳏夫和寡妇稍好一些。作为诸侯，对这些社会底层的弱势群体，不敢有丝毫的轻慢和欺侮，也就是给予充分的尊重，一定会得到老百姓的尊敬和拥护，也展现出这些诸侯的君子之风。

孟子曰："君子所以异于人者，以其存心也。君子以仁存心，以礼存心。仁者爱人，有礼者敬人。爱人者，人恒爱之；敬人者，人恒敬之。（《孟子·离娄下》）

孟子说："君子之所以不同于普通人，就是因为他们的存心与众不同。君子把仁义存于心中，把礼法存于心中。仁爱的人爱人民，礼敬的人尊敬人民。爱人民的人，人民恒久地爱他；尊敬人民的人，人民也恒久地爱戴他。

孔子最后谈到治理家族的卿大夫："治家者，不敢失于臣妾，而况于妻子乎？故得人之欢心，以事其亲。"卿大夫治理自己的大家族，就连地位最低下的家奴和佣人都不至于失礼，更何况对待主持这个家庭一应事务的女主人，以及传递自家香火的亲生儿女呢？因此，就能得到家族上上下下所有人的拥戴，帮助家族的主人来侍奉他的父母双亲。说到底，还是强调了对人的尊重，哪怕他是一个最微不足道奴婢僮仆，也要给予应有的尊重。

孔子谈孝治天下，从卿大夫的齐家，诸侯的治国，到明王的平天下，首先谈到的就是对人的尊重。强调的是明王、诸侯、卿大夫的以身作则，率先垂范。"君使臣以礼，臣事君以忠"，父慈而子孝，以仁德感化民众。

子张问仁于孔子。孔子曰："能行五者于天下，为仁矣。""请问之。"曰："恭、宽、信、敏、惠。恭则不侮，宽则得众，信则人任焉，敏则有功，惠则足以使人。"（《论语·阳货》）

孔子的弟子子张向老师请教怎样实现仁德。孔子说："能够在普天之下实行 5 种品德的，就是仁德了。"子张说："请问哪 5 种。"孔子说："庄重、宽厚、诚实、勤敏、恩惠。庄重就不会受人侮慢，宽厚就会得到众人的拥护，诚实就能得到别人的重用，勤奋敏捷就能够建功立业，多做好事就会有许多人心甘情愿地为你效劳。"

二、以孝设教，层层递进

孝治天下是要讲方法的。孔子在这一章是从天子讲起，讲过去圣明的君王对小国之臣都不敢怠慢；讲诸侯对鳏夫、寡妇也不敢欺侮；讲卿相、大夫对家中奴婢僮仆这些地位最低下的人都不敢失礼，层层递进，落地生根。据《中庸》记载，"仲尼祖述尧舜，宪章文武"，说孔子传述远祖尧、舜的圣人之道，效法周文王、周武王的治国方略加以彰明。孔子孝治天下的理念是总结和继承了尧、舜、禹、汤，文、武、周公的至德要道发展而来的。前面我们谈到"孝感动天"的大舜，谈到《诫伯禽书》谆谆教子的周公等，都是孝治天下的典范。孝治天下传承到大汉王朝，又有一番新的景象。

据北京师范大学中国易学文化研究院院长张涛发表在人民论坛上的研究成果《汉代"以孝治天下"的德化作用》一文介绍：

（一）汉代将"以孝治天下"落实在具体的法令政策上。政府颁布了各种法令政策以鼓励人民尽孝。在地方上，汉朝政府设置了孝悌、力田、三老等基层人员职位，以教化百姓，"令各率其意，以道民焉"。将恢复生产与孝道相结合，对乡村社会秩序起到了稳定的作用。同时，国家也在财政和税收上为行孝提供方便。汉建元元年（前140）汉武帝下诏："今天下孝子、顺孙愿自竭尽以承其亲，外迫公事，内乏资财，是以孝心阔焉。朕甚哀之。民年九十以上，已有《受鬻（yù）法》，为复子若孙，令得身帅妻妾遂其供养之事。"大意就是国家原本在年满90岁的人群之中实行《受鬻法》，但是家属的子孙负担依然很重。为了表彰孝道，国家免除90岁以上百姓子孙的赋役，使其可以尽全力供养老人。汉朝政府多次通过提供补助、免除赋役等手段，帮助百姓能够奉养老人。如建始三年（前30），汉成帝下诏："赐孝弟力田爵二级，诸逋（bū）租赋所振贷勿收。"国家还在法律上对老人实行优待，汉宣帝时就规定"自今以来，诸年八十以上，非诬告、杀伤人，它皆勿坐"。汉朝政府还设立了王杖制度，给年70以上的老人赐予王杖，像朝廷所用的旌节一样作为优待的凭信。获赐王杖的老人，可以享受各种经济法律上的优待，其地位比于 600 石的官吏。随着"以孝治天下"被确立为汉朝国家治理的指导思想，朝廷甚至通过法令，强制官员与父母同籍共财，以为表率。如汉元帝初元元年（前 48）诏："除光禄大夫以下至郎中保父母同产之令。令从官给事宫司马中者，得为大父母、父母、兄弟通籍。"这些手段对于国家引导养老孝亲的社会舆论，提振社会上养老的风气，都起到了良好的作用。

（二）"以孝治天下"成为汉代选拔人才的指导思想。察举是汉代最重要的仕进途径和方式，是选官制度的主体。汉代察举的科目很多，可分为常行科目和特定科目两大类，而常行科目中最主要的一科则是孝廉，代表了察举的主流。儒家思想将孝亲与忠君相联系，也就是所谓的"移孝作忠"。故而，从汉文帝开始，汉朝政府就有意识地将孝廉作为举贤的标准。汉文帝十二年（前 168）便诏令："孝悌，天下之大顺也；力田，为生之本也；三老众民之师也；廉吏，民之表也，朕甚嘉此二三大夫之行。今万家之县，云无应令，岂实人情？是吏举贤之道未备也。其遣谒者劳赐三老、孝者帛，人五匹；悌者、力田二匹；廉吏二百石以上率百石者三匹。及问民所不便安，而以户口率置三老、孝、悌、力田常员，令各率其意以道民焉。"

武帝即位后，以察举为主体的选官制度从内容到形式都全面完善起来。元光元年（前 134），武帝首次令郡国举孝廉各一人。不久，在贤良对策中，董仲舒提出以儒家思想为指导改良政治，其中建议"使诸列侯、郡守、二千石各择吏民之贤者，岁贡各二人"。于是，武帝诏令郡国举孝廉、茂才。这标志着汉代察举制度真正开始运作。为贯彻执行举孝廉的制度，元朔元年（前

129），武帝下诏不察举孝廉的地方官都应当罢免，"不举孝，不奉诏，当以不敬论；不察廉，不胜任也，当免。"这样举孝廉的制度才真正推行起来。此后察举孝廉定为岁举，即各郡每年按规定数额举荐人才，送至朝廷，成为官吏选用、升迁的清流正途。武帝以降，从郡国要员到朝内公卿，有不少都是孝廉出身。而以"孝廉"为标准的新型选拔人才的指导思想的确立，也对民间产生了巨大的导向作用。这些来自民间、浸润于儒家孝道的贤才成为官员后，得以为政一方，又反过来影响了民间的社会风气。较之刑名法术之士，这些"孝廉"们对于发展经济和文教事业以及振励风俗、稳定社会等，产生了更加显著的积极作用。

（三）"以孝治天下"上升到了国家意识形态的高度。汉文帝时，朝廷便设立了《孝经》博士，将《孝经》立为官学，选拔学生弟子传习。汉代在地方上设立学校，《孝经》也被作为教材使用。汉平帝元始三年（公元3），建立的地方学校制度规定，在乡中设立的基层学校庠序里，都要设置教授《孝经》的老师，"郡国曰学，县、道、邑、侯国曰校。校、学置经师一人。乡曰庠，聚曰序。序、庠置《孝经》师一人。"到了东汉，《孝经》更加受到重视，朝廷甚至要求"自期门羽林之士，悉令通《孝经》章句"。

除了官方的特别关注，在汉代经学的学术体系中，《孝经》也具有特殊的地位。《孝经钩命诀》上说："孔子在庶，德无所施，功无所就，志在《春秋》，行在《孝经》。"在汉儒看来，孔子"为汉制法"，《春秋》是孔子为汉朝所作的大经大法，其中包含了孔子的微言大义与王道理想，在汉代经学中具有中心地位。

而《孝经》则被视为实现这一理想的实践原则，是治国平天下的具体方法。而将《孝经》与《春秋》并举，无疑体现了汉儒对《孝经》的特别重视。更进一步，郑玄在《六艺论》中说，"孔子以六艺题目不同，指意殊别，恐道离散，后世莫知根源，故作《孝经》以总会之"，认为《孝经》总汇了儒家大六艺，即《易》《书》《诗》《礼》《乐》《春秋》，并且是六艺的根源。这就将《孝经》提到了经学之枢纽的特殊地位。《孝经》在汉代经学中的地位可见一斑。

三、天下为公，四海昌盛

孔子在《孝经·开宗明义章》说过："先王有至德要道，以顺天下，民用和睦，上下无怨。"在这一章又说孝治天下，可以达到"天下和平，灾害不生，祸乱不作"的社会效果。孔子曾经跟他的弟子子游感叹，大道实行的时代和夏商周几位英明君王当政的时代，他都没有机会看到，能看到的只是典籍上的一些记载，也就是他理想中"大道之行，天下为公"的"大同"世界。所以，他预言孝治天下达到的结果，也是能够给老百姓带来和平安定的幸福生活。从考察汉代以孝治天下的效果来看，也确实令人欢欣鼓舞。

大汉王朝通过"以孝治天下"的一系列措施，整个国家的社会秩序与社会风气都得到了极大的改善。特别到了东汉，无论是官僚士大夫群体还是民间社会中，其良风美俗都达到了新的高度。明末清初的思想家、史学家顾炎武就认为："三代以下风俗之美，无尚于东京者。"他在《日知录》中记载："光武躬行俭约，以化臣下。讲论经义，常至夜分。一时功臣如邓禹，有子十三人，各使守一艺，闺门修整，可为世法。贵戚如樊重，三世共财，子孙朝夕礼敬，常若公家。以故东汉之世，虽人才之俶傥不及西京，而士风家法似有过于前代。"一时世家大族，家风严谨，而"孝"正是士族家法的核心内容。不仅在官僚士大夫与社会上层，而且在民间"孝"的思想也产生了深远影响。这种影响甚至渗透在民间信仰当中。在汉代画像石中，我们可以看到众多的孝子、孝女，如李善、董永，都和各种神灵、圣王与英雄们排列在一起，共入圣域。可见在汉人信仰的内心世界，"孝悌"确乎拥有可以"通乎神明"的力量。汉代孝子孝亲的故事，不胜枚举，当然也是"孝"的思想成为民族信仰核心内容的结果。这一影响不仅限于汉代，更随着汉代思想的发展，流入了道教的血脉当中，被一直保存下来，这对于中华民族精神的形成起到了巨大的积极作用。《老子想尔注》中说："道用时，臣忠子孝，国则易治。时臣子不畏君父也，乃畏天神。孝其行，不得仙寿，故自至诚。既为忠孝，不欲令君父知，自默而行。"便是忠孝思想的直接影响。到了南朝梁时，道士陶弘景说："至孝者，能感激鬼神，使百鸟山兽巡其坟墥（shān）也。"汉代"以孝治天下"的德化作用，不可谓不深远。

孔子在《孝经》本章的最后，引用《诗经·大雅·抑》中的诗句"有觉德行，四国顺之"，意思是"天子有伟大的道德和品行，四方之国无不仰慕归顺"。对孝治天下作了个诗意的归纳，与以下经典中的论述，相映成趣。

子曰："上好仁，则下之为仁争先人。故长民者章志、贞教、尊仁，以子爱百姓；民致行己以说其上矣。《诗》云：'有梏（觉）德行，四国顺之。'"（《礼记·缁衣》）

孔子说："在上位的君长爱好仁德，那么在下位的人就会争先恐后地去力行仁德。所以君长应当表明自己力行仁德的志向，以正道教育民众，推崇仁道，以爱护子女之心去爱护民众；民众就尽心尽力地去力行仁德，以求获得君长的欢心。《诗经·大雅·抑》里云：'天子有伟大的道德和品行，四方之国无不仰慕归顺。'"

《荀子·致士》记载：荀子认为，江河湖泊深了，鱼鳖就归聚到它那里；山上树林茂盛了，禽兽就归聚到它那里；刑罚政令公正不阿，老百姓就归聚到它那里；礼义完备了，有道德的君子就会聚集过来。因此礼制实施到自己身上，行为就会变得美好；道义在整个国家盛行，政治就开始清明；能把礼制普遍地推行到各个方面，那么名声就显扬，天下的人就会仰慕，有令必然实行，有禁就能制止，那么王者的大业也就完成了。《诗经·大雅·民劳》有云："施恩这个国都中，以此安抚天下众。"说的就是这种道理。

第九章
圣治天下　气正风清

《孝经·圣治章》

曾子曰："敢问圣人之德，无以加于孝乎？"

子曰："天地之性，人为贵。人之行，莫大于孝。孝莫大于严父，严父莫大于配天，则周公其人也。昔者，周公郊祀后稷以配天，宗祀文王于明堂。以配上帝。是以四海之内，各以其职来祭。夫圣人之德，又何以加于孝乎？故亲生之膝下，以养父母日严。圣人因严以教敬，因亲以教爱。圣人之教，不肃而成，其政不严而治，其所因者本也。父子之道，天性也，君臣之义也。父母生之，续莫大焉。君亲临之，厚莫重焉。故不爱其亲而爱他人者，谓之悖德；不敬其亲而敬他人者，谓之悖礼。以顺则逆，民无则焉。不在于善，而皆在于凶德，虽得之，君子不贵也。君子则不然，言思可道，行思可乐，德义可尊，作事可法，容止可观，进退可度，以临其民。是以其民畏而爱之，则而象之。故能成其德教，而行其政令。《诗》云：'淑人君子，其仪不忒。'"

曾子说："请允许我冒昧地问老师，圣人的德行，难道就没有比孝行更为重要的吗？"

孔子说："天地之间的万物生灵，只有人最为尊贵。人的各种品行中，没有比孝行更加伟大的了。孝行之中，没有比尊敬父亲更加重要的了。对父亲的尊敬，没有比在祭天时以父祖先人配祀更加重要的了。祭天时以父祖先人配祀，始于周公。从前成王年幼，周公摄政，周公在国都郊外圜（yuán）丘上祭天时，以周人的始祖后稷配祀天帝；在宗族进行明堂祭祀时，以父亲文王配祀上帝。所以，四海之内各地的诸侯都恪尽职守，进贡各地的特产，协助天子祭祀先王。圣人的德行，又还有哪一种能比孝行更为重要的呢？子女对父母双亲的爱敬之心，在年幼相依父母膝下时就产生了。待到长大成人，则一天比一天懂得对父母的尊敬。圣人根据子女对父母尊敬的天性，引导他们礼敬父母；根据子女对父母亲近的天性，教导他们亲爱父母。圣人的教化，不必采用严肃的态度，就能获得成功；圣人行政，不需要采用严刑峻法，就能把社会治理得很好，这是由于他因循的是孝道这一天经地义的根本。父亲与儿子之间的骨肉亲情，体现了人类天生的本性，同时也体现了君臣关系的道义。父母生下儿女，使儿女得以上继父祖，下续子孙，延续生命，使人类社会生生不息，意义非常重大。父亲对于儿子，兼具君主和父亲的双重身份，既有为父的亲情，又有为君的尊严，父子亲情的厚重，没有任何关系能够超过。如果儿女不爱自己的父母双亲，而去爱其他什么人，这就叫做违背道德；如果儿女不尊敬自己的父母双亲，而去尊敬其他什么人，这就叫做违背礼法。不是顺应天理人心地爱敬父母，偏偏要逆天理而行，人民就无从效法了。如果不是用善心去力行孝道，而是用违背道德礼法的手段去谋取私利，虽然可能一时得逞，也是为君子所不耻的。君子的作为则不是那样的，其言谈，必须考虑到是该说的话然后才说出来；其行为，必须想到可以给人带来快乐然后才行动；其立德行义，能使人们尊崇；其处理事情，合情合理，足以让人效法；其容貌行止，优雅得体，可以为民众所观瞻；其动静进退，要考虑合乎规矩法度。君子以这样的作为来治理国家，那么人民就会敬畏他，爱戴他；就会以他为榜样，效仿他。因此，就能够成就其仁德教化，顺畅地推行其政策法令。《诗经·曹风·鸤鸠（shī jiū）》里说：'高尚贤良的君子，言行如一不走样。'"

一、圣人降临：禀于天地，成于孝悌

《孝经》这一章谈圣人治理天下，那么，什么样的人才可以称为圣人呢？

圣人者何？圣者，通也，道也，声也。道无所不通，明无所不照，闻声知情，与天地合德，日月合明，四时合序，鬼神合吉凶。（《白虎通义·圣人》）

圣人是品德高尚、智慧超群、意志坚定、性格弘毅、深明天地之道、洞察世事人伦的仁者。

《荀子·儒效》记载：荀子认为：修习历代帝王的法度，就像分辨黑白那样清晰；应对时局的变化，就像数一、二那样容易；奉行礼法，遵守礼节，就像身上生出四肢那样自然；抓住时机，建立功业，就像春、夏、秋、冬四季变更那么自然轻巧；治理政事，安定百姓非常妥善，使亿万民众团结得就像一个人，这样就可以称为圣人了。

孔子在《易经·系辞》中说：很久以前的太古时代，包牺氏（伏羲氏）君临治理天下，向上观察天的现象，向下察看地的法则，观察鸟兽的斑纹，以及适宜于草木金石等植物矿藏的地利，近处取法于人体的形象，远处模仿万物诸形状，于是制作八卦，以融会贯通天地造化神妙高明的德行，用来衡量区分万种物类的情状。将绳索编制成捕捉野兽和捕鱼的网，用来猎取鸟兽，捕捉鱼儿。这是取法《离》卦的形象。这时社会已经步入渔猎时代。

包牺氏之后，神农氏兴起成为共主，砍削木头作为犁头，弯曲木棒作为犁柄，将耕地锄草的技能教给人们。这一犁地工具，是取象于《益》卦。这时社会已经步入农业时代。

圣人规定中午时分开市贸易，招来天下民众，聚集天下财货，互相交易然后散去，各自得到所需要的东西。这是取象于《噬嗑（shì kē）》卦。这时社会已经开始出现商业贸易。

神农氏之后，黄帝、尧、舜相继兴起成为天子，由于时代变化，社会繁荣，他们以变应变，使民众不会疲倦，而改变的方法高明神奇，在不知不觉中，使民众得到更多的便宜。《易经》的道理，是在无路可走时，也即事物发展到了极点，就要变通。所以说，变化就能通达，通达则可以保持长久。因此就会得到上天的护佑，吉祥而无不顺利。黄帝、尧、舜遵循自然法则，顺势而为，无为而治，就达到天下太平。这是取法《乾》《坤》两卦。乾坤象征天地，天地无为而无所不为。

圣人教人们将大树木头掏空，建造出船，把木头劈开削制成桨，于是人们便渡过了原本无法通行的河流，到达远方，让天下万民从中获益。这一发明，取法于《涣》卦。

圣人教人用绳子穿过牛鼻子，驯服牛来牵引重物，用绳索绑在马头上，双手抓紧绳索骑上马就可以到达远方，天下人又因此得到了便利。这次取法于《随》卦。

圣人教各个部落设置一重一重的门，安排专人敲击木梆子巡夜，以提防毛贼、强盗和暴徒入侵，这是取法《豫》卦。

圣人教民众用锋利的工具切断木头，制成冲舂各种谷物的木杵，在坚实的地上挖掘坑洞做成臼，让人们吃上脱壳谷米做成的食物。天下老百姓都得到了好处。这是取法《小过》卦。

圣人为了保护部落的族人，教人们将竹木绑上弦索制成弓，把木头削得非常尖锐做成箭，以弓箭的利器，来威慑外来入侵者。这是取法《睽》卦。

上古的人们，在天气寒冷的冬季，大都居住在大大小小的山洞和地穴里，夏天炎热了就在野外露宿。圣人现世以后，教人们修建城堡，筑造宫室，上有栋梁，下有椽檐，改变了人们的居住方式，很好地抵御了狂风暴雨对人类的侵袭。这是取法《大壮》卦。

上古时代人死以后，只用厚厚的柴草覆盖在死者身上，葬在荒郊野外，不建造坟墓，也不在墓地栽树做标记，服丧时间长短也没有一定之规。圣人现世以后，教人们用内棺外椁双重装殓，维护了死者及其亲人的尊严。这是取法《大过》卦。

上古时代，没有文字，结绳记事，后世圣人，发明文字，用文书契据取代了过去的记事方法。百官以此来处理政务，百姓以此作查考的依据。这是取象于《夬（guài）》卦。

前面我们谈到，周武王曾说："唯天地万物父母，唯人万物之灵。"天地创造万物，圣人禀赋于天地之精华，得日月之灵气，探究自然变化之奥秘，体悟孝道乃天之经，地之义，人之行，完善自我，修成圣人。

二、圣人之教：慎终追远，民德归厚

孔子曰："天地之性，人为贵。人之行，莫大于孝。孝莫大于严父，严父莫大于配天。"中华文化，讲究追根溯源，不忘初心，方得始终。天地生成人类，人应不忘根本，中国人把父亲看作天，把母亲视作地，孝敬父母，所以感念天地。具体到每个人，都是父母所生，父母养育，孝敬父母，天经地义。所以孔子说："人之行，莫大于孝。"孝敬父母落实到行动上，就是父母健在的时候，让父母生活无忧，并特别受到尊敬；父母离开这个世界后，尊敬父母的最高规格，就是在祭祀天地时让父祖配祀，因为父亲就是我们的天，祖父就是父亲的天，祖父的天是曾祖，曾祖的天是远祖，以此类推，可以追祀到始祖，最终乃至天地。

曾子曰："慎终追远，民德归厚矣。"（《论语·学而》）

曾子说："慎重地对待父母的去世，做到丧尽其礼；追思久远的祖先，做到祭尽其诚。君王如果能够身体力行，为人师表，民众的德行自然就会日益厚重。"圣人以孝设教，可以收到事半功倍的效果。

天德施，地德化，人德义。天气上，地气下，人气在其间。春生夏长，百物以兴，秋杀冬收，百物以藏。故莫精于气，莫富于地，莫神于天，天地之精所以生物者，莫贵于人。人受命乎天也，故超然有以倚；物疢（chèn）疾莫能为仁义，唯人独能为仁义；物疢（chèn）疾莫能偶天地，唯人独能偶天地。（《春秋繁露·人副天数》）

董仲舒认为：天的德性是施与，地的德性是化生，人的德性是仁义。天的气在上面，地的气在下面，人的气在天地之间。春季生发，夏季长成，百物因此而兴起；秋季肃杀，冬季收敛，百物因此而储藏。所以，没有比气更精美、细致的，没有比地更富有的，没有比天更神妙莫测的。天与地的精气用来生长百物，百物中没有比人更为高贵的了。人从天那里接受赋命，所以超出百物之上，而卓然与天地并立。百物有缺陷，不能行使仁义，只有人独能行使仁义。百物有缺陷，不能跟天地相配合，只有人独能跟天地相配合。

《汉书·董仲舒传》记载：董仲舒认为：天命也即天的指令，

天命只能由圣人来行之；天性的特征是质朴本真，只有通过教化才能完成这种本真的天性；性情反映的是人的欲望，只有用法度才能节制这种反映人的欲望的性情。因此作为君王，对上天，要谨小慎微地承接天意，以顺从天命；对人民，必须以正知正见来教化民众，使天下百姓能够形成质朴本真的天性；对应该遵循的法度要加以校正，对朝廷上下各个层次的秩序要加以理顺，以此来防止贪欲。如果这三个方面的事情都做好了，国家的根基就牢固了。

人受命于天，所以出类拔萃，是为万物之灵。在家里父母兄弟相亲相爱，在朝廷君臣上下各有名分，大家聚集在一起，有尊老爱幼的规范，有文质彬彬地问候，有相谈甚欢的交流，这就是人与人相处最可贵的地方。种植稻、黍、稷、麦、菽五谷作为食物，采桑养蚕、抽丝织锦、种麻织布来制做衣裳，饲养猪、羊、鸡、犬等六畜一饱口福，用绳子穿过牛鼻子，驯服牛来拉车负重，骑上大马，可以远行，圈住豹子，把老虎关进木笼里，以免伤人。这就是人为万物之灵的可贵表现。因此孔子说："天地万物之中，人是最尊贵的。"明白了天地赋予人独一无二的天性，就知道了自己的尊贵；知道了自己的尊贵，然后就知道了仁爱和道义；知道了仁爱和道义，然后就会注重各种礼节；注重了各种礼节，然后就会与人为善；处处与人为善，然后为人处世就会力行圣贤之道；力行圣贤之道，然后就会成为君子。因此孔子说"不知道天命，就不能成为君子"，说的就是这个道理。

圣人做出示范，社会上就多了许多君子；父亲做出榜样，家庭中就教出许多孝子。孔子一贯强调君仁臣忠，父慈子孝。《孝经》中所谓"严父"，就是儿子要特别尊敬父亲，让父亲感到有尊严。

子曰："无忧者，其惟文王乎。以王季为父，以武王为子。父作之，子述之。武王缵（zuǎn）大王、王季、文王之绪。壹戎衣，而有天下。身不失天下之显名。尊为天子，富有四海之内。宗庙飨之，子孙保之。武王末受命，周公成文武之德，追王大王、王季，上祀先公以天子之礼。斯礼也，达乎诸侯大夫，及士庶人。"

……

子曰："武王、周公，其达孝矣乎。夫孝者，善继人之志，善述人之事者也。"（《中庸》）

孔子说："古代帝王中无忧无虑的，大概只有周文王吧。因为他有贤明的王季做父亲，有英勇的武王做儿子，父亲王季为他开创了积功累仁的基业，儿子武王继承他的遗志，完成了他所没有完成的功业。武王继续着太王、王季、文王未完成的功业，身着盔甲戎衣伐纣，灭掉了殷商，取得了天下。本身没有失去显赫于天下的美名，尊贵地做了天子，拥有普天下的财富，世代在宗庙中享受祭祀，子孙永葆祭祀不断。周武王晚年才承受上天之命而为天子，因此他还有许多没来得及完成的事业。武王之后，周公辅佐成王，完成了文王和武王的德业，追尊太王、王季为王，用天子的礼节来追祀祖先，并把这种礼节，一直实行到诸侯、大夫以及士子和民众中间。"

孔子说："周武王和周公是天下公认最守孝道的人吧。这里所说的孝者，就是善于继承先人的遗志，善于继续先人未完成的功业。"

三、圣人之治：君子务本，本立而道生

圣人治理天下，靠的是仁德。正如《论语·为政》记载的那样：

子曰："道之以政，齐之以刑，民免而无耻，道之以德，齐之以礼，有耻且格。"

孔子说："用行政命令去引导老百姓，用刑法来惩治他们，民众只是害怕受到惩罚而免于犯罪，却没有羞耻之心；用道德教化引导老百姓，使用礼义去统一民众的言行，民众不仅会有羞耻之心，而且也就会自觉自愿地遵纪守法。"孔子认为，刑罚只能使人不敢犯罪，不能使人明白犯罪可耻的道理，而道德教化比刑罚要高明得多，既能使百姓遵纪守法，又能让民众产生羞耻之心。

德治，归根结底仍然是孝治，孔子在本章回答曾子的提问：孝是圣人最伟大的仁德。

有子曰："其为人也孝弟，而好犯上者，鲜矣；不好犯上，

而好作乱者，未之有也。君子务本，本立而道生。孝弟也者，其为人之本与？"（《论语·学而》）

孔子的弟子有子说："为人孝敬父母，尊敬兄长，而好冒犯上司的人，是很少见的。不好冒犯上司，而好犯上作乱的人根本就没有。君子专心致力于根本，根本建立起来了，仁道就由此而产生了。孝敬父母、尊敬兄长，这就是仁道的根本，也是做人的根本啊。"

圣人以孝治天下，抓住了社会治理的根本。圣人靠自己的仁德化成天下，福泽万民。

唯天下至圣，为能聪明睿知，足以有临也；宽裕温柔，足以有容也；发强刚毅，足以有执也；齐庄中正，足以有敬也；文理密察，足以有别也。溥博渊泉，而时出之。溥博如天，渊泉如渊。见而民莫不敬；言而民莫不信；行而民莫不说。是以声名洋溢乎中国，施及蛮貊（mò）。舟车所至，人力所通，天之所覆，地之所载，日月所照，霜露所队：凡有血气者，莫不尊亲。故曰配天。

唯天下至诚，为能经纶天下之大经，立天下之大本，知天地之化育。夫焉有所倚？肫肫（zhūn）其仁！渊渊其渊！浩浩其天！苟不固聪明圣知达天德者，其孰能知之？（《中庸》）

只有天下最崇高的圣人，才能做到聪明智慧，足以君临天下万民；宽宏大量，温和柔顺，足以包容天下；奋发勇健，刚毅坚强，足以主持天下正义；威严庄重，忠诚正直，足以博得众人的崇敬；文理清晰，明察秋毫，足以明辨事理的性质类别。崇高的圣人，美德广博而又深厚，时常从仪容言行中展现出来。仁德广博如天，深厚如渊。民众见到他们，没有不敬仰的；听到他们说的话，没有不深信不疑的；看到他们做的事，没有不兴高采烈的。所以他们的荣誉及好名声，广泛流传在中国，并且传播到边远的蛮夷部落中。凡是车船行驶的地方，人力通行的地方，苍天覆盖的地方，大地承载的地方，日月照耀的地方，霜露降落的地方；凡有血气的生物，没有不崇尊和亲近他们的，所以说圣人的美德，能与上天相匹配。

只有天下至诚的圣人，才能治理天下的人伦纲常，确立天下的根本法则，深知天地化育万物的深刻道理。他们哪里有什么依靠呢？他们的仁心那样诚挚！他们的思虑像潭水那样幽深！他们的美德像苍天那样广阔！如果不是真正聪明智慧，通达天赋美德的人，还有谁能知道这样深奥的道理呢？

圣治天下，最终落实在具体的治理方法和效果上，历史上五帝（黄帝、颛顼、帝喾、唐尧、虞舜）、三王（夏禹、商汤、周文王），给后人树立了典范。

五帝三王之治天下，不敢有君民之心。什一而税。教以爱，使以忠，敬长老，亲亲而尊尊，不夺民时，使民不过岁三日。民家给人足，无怨望忿怒之患，强弱之难，无谗贼妒疾之人。民修德而美好，被发衔哺而游，不慕富贵，耻恶不犯。父不哭子，兄不哭弟。毒虫不螫，猛兽不搏，抵虫不触。故天为之下甘露，朱草生，醴（lǐ）泉出，风雨时，嘉禾兴，凤凰麒麟游于郊。囹圄空虚，画衣裳而民不犯。四夷传译而朝，民情至朴而不文。郊天祀地，秩山川，以时至封于泰山，禅于梁父。立明堂，宗祀先帝。以祖配天，天下诸侯各以其职来祭。贡土地所有，先以入宗庙，端冕盛服，而后见先。德恩之报，奉先之应也。（《春秋繁露·王道》）

董仲舒认为：上古时代，五帝、三王治理天下，不敢怀有君临万民的想法。只收取土地产出十分之一的税。教民众爱敬，使民众忠诚，教民众尊敬长辈和老人，关爱亲人，尊敬地位尊贵的人。官府不过多地占用老百姓的生产时间，安排民众做一些公共事务，一年不超过三天。老百姓丰衣足食，因此就没有埋怨和愤怒的忧患，没有倚强凌弱的灾难，没有背后说人坏话、嫉妒别人的人。老百姓修养品德，达到了美好的境界，披散着头发，吃着零食，悠闲自在的四处行走，不羡慕别人的富贵，不去做那些令人羞耻和罪恶的事情。人们都能够长寿，没有儿子夭折、先于父亲离世，或弟弟遭遇横祸、比兄长早死的情况发生。没有自然灾害，毒蛇、毒虫不会叮咬人，猛兽也不会伤害人，凶恶的大鸟不会侵袭人。于是天降甘露，美丽的花草生长，甜美的泉水喷涌，风调雨顺，五谷丰登，凤凰、麒麟都出来呈现吉祥。监狱里空空荡荡，没有犯人，老百姓犯错在衣裳上作个记号，就再没有人愿意犯错。四方蛮夷部落的首领，通过翻译来朝见君王，民风极其淳朴而不加文饰。君王每年郊祭上天，祭祀大地，排列山川的秩序，按时到泰山上筑土为坛祭天，在梁父山上辟场祭地，表明国泰民安，向天地报功。修建明堂，在宗族里祭祀先帝，祭天时以祖先配祭，天下诸侯各自依照自己的职位来助祭。贡献出土地上所出产的特产，首先把它拿到宗庙里去，戴上礼帽，穿上华美庄重的礼服，然后才去拜见祖先。上天之所以回报给他们太平盛世这样的恩德，是他们奉献祭祀天地祖先的天人感应。

四、圣人之路：道不同，不相为谋

圣人治理天下，有"术"，更重"道"，"道不同，不相为谋!"（《论语·卫灵公》）孔子的从政之路，就是对自己这句至理名言最好的诠释。

司马迁《史记·孔子世家》记载，在孔子50岁的时候，鲁国国君定公任命孔子为中都的最高行政长官，只做了一年时间，四方各地都来学习效法。孔子由中都的行政长官，升任鲁国主管建设的司空，不久又由司空升任主管司法的大司寇。在协助鲁定公与齐景公的"夹谷会盟"中，用礼义占领道义的制高点，迫使齐国归还了长期侵占鲁国的郓、汶阳、龟阴的国土，以此表示认错道歉。孔子56岁，由大司寇代理国相处理政务，参与治理国政3个月，鲁国市场上卖羊羔、猪崽等货物的商贩，再没有人随意抬高价格，男女走路各行其道，路不拾遗，夜不闭户。从四方来到都城的客人，不需要向官吏请求，都可以得到很好的接待，有宾至如归之感。

齐人闻而惧，曰："孔子为政必霸，霸则吾地近焉，我之为先并矣。盍致地焉？"黎鉏（chú）曰："请先尝沮之；沮之而不可则致地，庸迟乎？"于是选齐国中女子好者八十人，皆衣文衣而舞康乐，文马三十驷，遗鲁君。陈女乐文马于鲁城南高门外，季桓子微服往观再三，将受，乃语鲁君为周道游，往观终日，怠于政事。子路曰："夫子可以行矣。"孔子曰："鲁今且郊，如致膰（fán）乎大夫，则吾犹可以止。"桓子卒受齐女乐，三日不听政；郊，又不致膰俎（fán zǔ）于大夫。孔子遂行，宿乎屯。而师己送，曰："夫子则非罪。"孔子曰："吾歌可夫？"歌曰："彼妇之口，可以出走；彼妇之谒，可以死败。盖优哉游哉，维以卒岁！"师己反，桓子曰："孔子亦何言？"师己以实告。桓子喟然叹曰："夫子罪我以群婢故也夫！"（《史记·孔子世家》）

鲁国大治的消息令齐国人害怕起来，有大臣说："孔子在鲁国执政下去，一定会称霸，一旦鲁国称霸，我们离它最近，必然会首先来吞并我们。何不先送一些土地给他们呢？"黎鉏（chú）说："我们先试着阻止他们一下，如果不成，再送给他们土地，这难道还算迟吗？"于是挑选齐国国中姿色出众的貌美女子80人，全都穿上华丽服装，教她们跳《康乐》舞蹈，连同120匹有花纹的马，馈赠给鲁国国君。齐人将盛装女乐和纹马彩车，陈列在鲁国都城南面的高门外。季桓子换上平民服装多次前往观看，有意接受下来，就陪着鲁定公，以外出周游巡回视察为名，终日前往观看齐国的女乐和骏马，沉浸在淫乐之中，懒得再去处理国政。子路说："老师，我们可以走了吧。"孔子说："鲁国将要举行郊外祭祀，如果能把郊祀祭肉分送给大夫们，说明他们还没有忘记礼法，我就还可以留下来。"季桓子结果接受了齐国的女乐和骏马，多日没有上朝听政。举行郊外祭祀典礼后，又违背礼法，不向大夫们分发祭肉。孔子于是决定，带着弟子们离开鲁国，当天在屯地住了下来。鲁国大夫师己前来为孔子送行，不平地说道："先生您是没有过错的。"孔子深有感触地说："我唱首歌好吗？"接着唱道："那些女人的口啊，可以让大臣跟着走；迷恋那些女人，可以使人身败名裂。悠闲自在啊，聊以消磨时光！"师己返回国都，季桓子问："孔子跟你说了些什么？"师己以实相告。季桓子喟然长叹地说："夫子因为那群女乐的缘故怪罪我啊！"

孔子看到，从国君鲁定公，到卿大夫季桓子，都整天沉湎于声色，仅靠自己一己之力，无力回天。悲从中来，倍感孤独，只能怅然离去！

卫灵公问陈于孔子。孔子对曰："俎豆之事，则尝闻之矣；军旅之事，未之学也。"明日遂行。（《论语·卫灵公》）

孔子在卫国，国君问孔子用兵布阵、训练军队的方法。孔子心里很排斥，只好委婉地说："祭祀礼仪方面的事情，我还听说过；用兵打仗的事，我从来没有学过。"孔子感到卫灵公与自己想不到一块，第二天，便和弟子们离开了卫国。

孔子主张以仁德礼法治国，一贯反对用战争的方式解决国与国之间的争端。他感到与卫灵公道不相同，所以迅速离开了卫国。正像他所说的那样："所谓大臣者，以道事君，不可则止。"
（《论语·先进》）

长沮、桀溺耦而耕，孔子过之，使子路问津焉。长沮曰："夫执舆者为谁？"子路曰："为孔丘。"曰："是鲁孔丘与？"曰："是也。"曰："是知津矣。"问于桀溺，桀溺曰："子为谁？"曰："为仲由。"曰："是鲁孔丘之徒与？"对曰："然。"曰："滔滔者天下皆是也，而谁以易之？且而与其从辟人之士也，岂若从辟世之士？"耰（yōu）而不辍。子路行以告，夫子怃然曰："鸟兽不可与同群，吾非斯人之徒与而谁与？天下有道，丘不与易也。"
（《论语·微子》）

长沮、桀溺是两位隐士，有一天，他们在一起种地，孔子经过这里，吩咐他的大弟子子路去问路，寻找过河的渡口。长沮反问道："那个手持马车缰绳的是谁？"子路答道："是孔丘。"长沮又问；"是鲁国那个无所不知的孔丘吗？"子路回答说是。长沮用讥讽的口吻说："那他早就知道渡口的位置了。"子路无奈，转而过去问桀溺。桀溺也反问道："你是谁？"子路老实的回答道："我是仲由（子路：姓仲名由，字子路）。"桀溺打量着子路说："你是鲁国孔丘的门徒吗？"子路如实地承认说是。桀溺高谈阔论地教训子路说："整个社会昏暗、动荡像洪水那样滔滔不绝，泛滥成灾，你们又可以与谁一起去改造它呢？而且你与其跟着孔丘回避那些昏君，还不如跟着我们这些避开整个社会的人呢？"一边说，一边头也不抬地继续做着农活。子路无功而返，把刚才这两个怪人说的话告诉孔子，孔子喟然长叹道："我们作为人，不可能与鸟兽同群，如果不同天下老百姓同甘共苦，还能和谁在一起呢？如果天下太平，我就不会与你们一道来改变这个世道了。"

这充分反映了孔子的道义、责任与担当，他告诉弟子们，我们不做与鸟兽同群的逃避者，要做天下太平的奋斗者。

五、圣人贵品：做君子，重德义

孟子认为，人人都可以成为尧、舜那样的圣人。

尧舜之道，孝弟而已矣。子服尧之服，诵尧之言，行尧之行，是尧而已矣。（《孟子·告子下》）

孟子说："尧舜之道，不过就是孝敬父母、尊敬兄长而已。你穿尧那样的衣服，说尧该说的话，做尧该做的事，你就可以成为尧那样的圣人。"

中国的圣人，是人，不是神，每个普通的中国人，只要你按照圣人的标准，坚持不懈地严格修为，一定能够成为圣人。要想成为圣人，必须先成为一个君子。什么样的人，才可以称为君子呢？

博闻强识而让，敦善行而不怠，谓之君子。君子不尽人之欢，不竭人之忠，以全交也。（《礼记·曲礼上》）

见闻广博而记忆力强，又能谦让，乐于作善事而不懈怠，这样的人就叫做君子。君子不刻意处处事事去讨别人的欢心，也不要求别人时时刻刻对自己忠心耿耿，这样才能始终保持永久的交情。

在《论语》中，孔子及其弟子们更是强化了"君子"与"小人"的道德内涵，成为抑恶扬善的有力武器。

子曰："君子道者三，我无能焉。仁者不忧，知者不惑，勇者不惧。"子贡曰："夫子自道也。"（《论语·宪问》）

孔子说："君子之道有三方面，我没能力做到。有仁德的人不忧愁，有智慧的人不困惑，勇敢的人不畏惧。"子贡说："这是老师讲他自己啊。"

子曰："君子义以为质，礼以行之，孙以出之，信以成之。君子哉！"（《论语·卫灵公》）。

孔子说："君子以道义为本质，通过礼仪去实行它，用谦逊的语言表达它，用诚信去成就它。这才是君子啊！"

孔子曰："君子有九思：视思明，听思聪，色思温，貌思恭，言思忠，事思敬，疑思问，忿思难，见得思义。"（《论语·季氏》）。

孔子说："君子有 9 种事情要考虑：看人、看事要考虑是否看清楚、看透彻了，听话要考虑是否听清楚了，有没有弦外之音？与人交流，要考虑脸色是否温和，态度是否谦恭，说出的话是否真诚，做事时要考虑是否敬业，有疑问时要考虑向人请教，愤怒时要考虑是否有严重的后果，见到好处时要考虑是否合乎道义。"

孔子曰："君子有三畏：畏天命，畏大人，畏圣人之言。小人不知天命而不畏也，狎大人，侮圣人之言。"（《论语·季氏》）

孔子说："君子有三件事要敬畏：敬畏天命，敬畏伟大的人物，敬畏圣人的言论。小人不懂天命，因而也就不知敬畏，不尊重伟大的人物，嘲笑侮谩圣人的言论。"

孔子曰："君子有三戒：少之时，血气未定，戒之在色；及其壮也，血气方刚，戒之在斗；及其老也，血气既衰，戒之在得。"（《论语·季氏》）

孔子说："君子有三件事要警戒：年轻时，血气还不成熟，要戒女色；年壮时，血气正旺盛，要戒争斗；年老时，血气已经衰落，要戒贪婪。"

子贡曰："君子之过也，如日月之食焉：过也，人皆见之；更也，人皆仰之。"（《论语·子张》）

子贡说："君子的缺点，象日蚀月蚀：一有缺点，人人都能看见；一旦改正，人人都会敬仰。"

在这一章《孝经》里，孔子讲君子"言思可道，行思可乐，德义可尊，作事可法，容止可观，进退可度，以临其民。"

"言思可道"：是说讲话时，要考虑当讲不当讲，话说出来会有什么后果。从更高层次上讲，言为心声，以言载道，一言可以兴邦，一言可以丧邦。

定公问："一言而可以兴邦，有诸？"孔子对曰："言不可以若是其几也。人之言曰：'为君难，为臣不易。'如知为君之难也，不几乎一言而兴邦乎？"曰："一言而丧邦，有诸？"孔子对曰："言不可以若是其几也。人之言曰：'予无乐乎为君，唯其言而莫予违也。'如其善而莫之违也，不亦善乎？如不善而莫之违也，不几乎一言而丧邦乎？"（《论语·子路》）

鲁国国君定公问孔子："一句话就可以使国家兴盛，有这样的话吗？"孔子答道："话虽不能这样说，但也差不多吧。有人说：'做国君难，做大臣也不容易。'如果知道了做国君的难，这不近乎一句话可以使国家兴盛吗？"定公又问："一句话可以亡国，有这样的话吗？"孔子回答说："话虽不能这样说，但也差不多吧。有人说："我对做君主并没有什么乐趣，只在乎我所说的话，没有人敢违抗。'如果说得对，没有人违抗，不是很好吗？如果说得不对而没有人违抗，那不就近乎一句话可以亡国吗？"

所以君子讲话，一言九鼎，一定要慎之又慎。最好能像宋代大文学家苏轼评价唐代思想家韩愈那样："匹夫而为百代师，一言足当天下法！"

"行思可乐"：就是其行为，必须想到可以给人带来快乐，让人能够理解和接受，作为君子，能够成为行为示范。人在世上行走，与人交流，靠的是语言和行为，言行一致，才能取信于人。否则，后果不堪设想。

宰予昼寝，子曰："朽木不可雕也，粪土之墙不可圬（wū）也！于予与何诛？"子曰："始吾于人也，听其言而信其行；今吾于人也，听其言而观其行。于予与改是。"（《论语·公冶长》）

孔子的弟子宰予（字子我，亦称宰我）大白天睡觉，孔子说："腐朽的木头不可以雕刻，粪土一样的墙面粉刷不得！对于宰予这样的人，还有什么值得责备的呢？"又说："最初我对于人，听了他说的话就相信他的行为；而今我对于人，听了他说的话却还要观察他的行为。是宰予改变了我的态度。"

温文尔雅的孔老夫子，为什么对宰予大动肝火呢？看来不仅仅是白天睡大觉、逃课那么简单。

宰我还曾愚弄仁者。

宰我问曰：“仁者，虽告之曰：‘井有仁焉。’其从之也？”子曰：“何为其然也？君子可逝也，不可陷也；可欺也，不可罔也。”（《论语·雍也》）

宰我问孔子说：“一个仁德的人，虽然有人告诉他说：‘井里面有仁德’，他会跳到井里去找仁德吗？”孔子说：“为什么要这样呢？君子可以先去把情况了解清楚，然后再做决断，不可以稀里糊涂就掉进别人的陷阱里；君子可以被欺骗，但不可以被愚弄啊。”

宰我还挑战为父母守孝三年的规则。

宰我问：“三年之丧，期已久矣。君子三年不为礼，礼必坏；三年不为乐，乐必崩。旧谷既没，新谷既升，钻燧改火，期可已矣。”子曰：“食夫稻，衣夫锦，于女安乎？”曰：“安。”“女安则为之。夫君子之居丧，食旨不甘，闻乐不乐，居处不安，故不为也。今女安，则为之！”宰我出，子曰：“予之不仁也！子生三年，然后免于父母之怀，夫三年之丧，天下之通丧也。予也有三年之爱于其父母乎？”（《论语·阳货》）

宰我问孔子：“服丧三年，时间太长了。君子三年不讲究礼仪，礼仪必然败坏；三年不演奏音乐，音乐就会荒废。旧谷吃完，新谷登场，钻木取火的木头轮过了一遍，为父母守丧，有一年的时间就可以了。”孔子说：“父母才去世一年的时间，你就吃起了大米饭，穿起了锦缎衣，你心安吗？”宰我说：“我心安。”

孔子说："你心安，你就那样去做吧！君子守丧，吃美味不觉得香甜，听音乐不觉得快乐，住在家里不觉得舒服，所以不那样做。如今你既然觉得心安，你就那样去做吧！"宰我出去后，孔子说："宰予真是不仁啊！小孩子生下来，到三岁时才能离开父母的怀抱。服丧三年，这是天下通行的规则。宰我对他父母，难道没有三年怀抱的养育恩情吗？"

宰我还大胆妄议周天子。

哀公问社于宰我。宰我对曰："夏后氏以松，殷人以柏，周人以栗，曰使民战栗。"子闻之，曰："成事不说，遂事不谏，既往不咎。"（《论语·八佾》）

鲁哀公问宰我：用什么树木制作土地神的牌位？宰我回答说："夏朝的君主是用松木做的，商代的君主是用柏木做的，周朝天子是用栗木做的，意思是要让老百姓恐惧战栗。"孔子听到后，说："已成的事情不要再去评说，已经做过的事情不要再劝谏，已经过去的事情就不要再去追究与责备了。"

宰我的结局，也令人惋惜。

宰我问五帝之德，子曰："予非其人也"。宰我为临菑大夫，与田常作乱，以夷其族，孔子耻之。（《史记·仲尼弟子列传》）

宰我询问五帝的德行，孔子回答说："宰予是不配问五帝之德的人。"宰我做齐国临菑的大夫，和田常一起叛乱，因此被灭九族，孔子为他感到耻辱。

"德义可尊"：讲君子立德行义，能使人们尊崇。仁德和道义，都是君子的高贵品质，而这种品质又都是从孝心生发出来的，所以孔子说："孝悌也者，其为仁之本与"（《论语·学而》）

"作事可法"：讲君子处理事情，合情合理，可使人们效法。

"容止可观"：讲君子容貌行止，优雅得体，可以为民众所观瞻。

"进退可度"：讲君子动静进退，合乎规矩法度。

君子这些美好的品德，为圣人治理天下奠定了基础；君子长期坚持不懈地力行这些美德，最终也会修成圣人。

六、圣人重续：不孝有三，无后为大

前面我们说过，圣人是人不是神。因此圣人也有父母，圣人也要做父母，圣人还要以孝设教，教化民众做好父母。

孔子曰："古之为政，爱人为大；所以治爱人，礼为大；所以治礼，敬为大；敬之至矣，大昏为大。大昏至矣！大昏既至，冕而亲迎，亲之也。亲之也者，亲之也。是故，君子兴敬为亲；舍敬，是遗亲也。弗爱不亲；弗敬不正。爱与敬，其政之本与！"（《礼记·哀公问》）

孔子说："古代负责政务的人，最重要的在于爱人，要做到爱人，最重要的则在于礼。要行礼，最重要的则在于敬。能够尽敬，最重要的乃在于婚姻。婚姻，确是敬意中最难做到的一点啊！因为婚姻大事，要穿着大礼服，戴着礼帽，亲自往女家迎娶，这是表示对女方的爱。所谓爱女方，首先应该尊重她。所以君子对自己的配偶，要以敬慕之心与她相亲相爱，如果抛弃敬意，那也就失去了爱慕的诚心。没有爱慕便不能相敬相亲，相亲而没有敬意，那自然就不是正当的婚姻了。在爱他人之中，第一个就是爱自己最亲近的妻子，对妻子能有爱有敬，这才是爱他人的起点，其实质就是政务的根本吧！"

孔子讲仁者爱人，说的也是这个道理。

昏礼者，将合二姓之好，上以事宗庙，而下以继后世也。故君子重之。

......

敬慎重正而后亲之，礼之大体，而所以成男女之别，而立夫妇之义也。男女有别，而后夫妇有义；夫妇有义，而后父子有亲；父子有亲，而后君臣有正。故曰：昏礼者，礼之本也。（《礼记·昏义》）

婚礼这件事，是将要结合两性间的欢爱合好，对上要传宗接代祭祀宗庙，对下要生儿育女传之后世。所以君子很重视它。

通过庄严、慎重、公开、隆重的婚礼后，夫妇相亲相爱，这是婚礼的基本原则，从而确定了男女之间的区别，建立起夫妇间正当的道义。男女之间有区别，夫妇之间才有情义；夫妇之间有情义，然后父子能爱敬；父子能爱敬，然后君臣才能各安其位。所以说，婚礼是各种礼仪的根本。

从上述引用的经典中我们看出，古代圣贤认为：一切礼仪的根本是婚礼，治理天下的根本是爱人。这充分体现了以人为本的社会治理思想。离开了人，无从谈治；没有了人，天地宇宙同归于死寂。这使我们想起了孟子的那个著名的论断：

孟子曰："不孝有三，无后为大。"（《孟子·离娄上》）

孟子说："不孝敬父母的行为有很多种，不婚不娶，不生育子女，断绝了子孙后代是最大的不孝。"汉代经学家赵岐注释说："于礼有不孝者三事，谓阿意曲从，陷亲不义，一不孝也；家穷亲老，不为禄仕，二不孝也；不娶无子，绝先祖祀，三不孝也。三者之中，无后为大。"赵岐说：从礼法上说，不孝敬父母的事情有多种，见父母做错了事情也不劝告，一味顺从，陷父母于不义，一不孝也。家庭经济条件很差，父母已经年老体弱，自己身强力壮却不出去挣钱赡养父母，二不孝也。不婚不娶，不生育子女，断绝子孙后代，三不孝也。三者之中，断绝后代是最大的不孝。

在曾经那个是非颠倒，以否定传统为能事的年代，孟子的这句"不孝有三，无后为大"一直被认为是封建思想的桎梏，觉得愚昧可笑。现在认真反思起来，才逐渐认识到，这才是古代圣贤的大智慧，应该拨乱反正。

天地之间人为贵，人类的诞生，是惊天动地的重大事件。有了人类，形成了人类社会，人类社会的发展，像我们的黄河、长江一样奔涌向前。父母生子，子孙相继，传承着我们祖先的基因，传承着我们优秀的传统文化和人生智慧，子子孙孙，无穷无尽。在这种传承存续的过程中，形成了中华民族的性格和责任担当。上无愧于天，下无愧于地，前无愧于列祖列宗，后无愧于子孙后代。同时，也形成了我们的核心价值——天之经、地之义的孝悌之道："父母生之，续莫大焉，君亲临之，厚莫重焉。故不爱其亲而爱他人者，谓之悖德；不敬其亲而敬他人者，谓之悖礼。"父母生下儿女，使儿女得以上继父祖，下续子孙，延续生命，使人类社会生生不息，意义非常重大。父亲与儿子的关系，既有父子这种血脉传承的血缘亲情，又有当时社会氛围中君臣上下主从的威严。如果儿女看待自己的父母形同路人，而对其他有利害关系的人奴颜婢膝，这就叫道德沦丧；如果儿女对自己的父母呼来喝去，而对他的上司毕恭毕敬，这就叫违背礼义伦常。在现实中，可能有些人，虽然不爱自己的父母，受本能欲望的支配，却会去爱一个美丽的姑娘，或去爱一个英俊的少年，但那根本不是什么真爱，那只能是本能驱使的色欲；还有一些人，虽然不爱自己的父母，受利益驱使，会去阿谀奉承自己的上司，百般讨好能给自己带来好处的人，那更谈不上爱，那只能叫私欲。当今社会，还有一些人，连自己的父母都不赡养，却养一些小猫、小狗，到处去标榜自己多有爱心，其实，那并不能说明他有爱心，只能暴露出他无比空虚的灵魂。中华民族正是在这种生命传承存续的过程中，完成了民族性格的塑造，巍然屹立于世界民族之林，承前启后，继往开来。

第十章
孝子孝行　铭记心中

《孝经·纪孝行章》

子曰："孝子之事亲也，居则致其敬，养则致其乐，病则致其忧，丧则致其哀，祭则致其严。五者备矣，然后能事亲。事亲者，居上不骄，为下不乱，在丑不争。居上而骄则亡，为下而乱则刑，在丑而争则兵。三者不除，虽日用三牲之养，犹为不孝也。"

孔子对孝子行孝的具体要求，集中在这一章。他说：孝子对待父母双亲，平常居家过日子，要有恭敬心；赡养父母，要满心欢喜；父母生病了，要带着忧虑的心情去陪他们看病，使他们早日康复；父母不幸离开了我们，在料理后事的过程中，能让人感受到你的悲痛与哀伤；春秋祭祀，要恭恭敬敬地献上祭品，给过世的父母行大礼。上述这些方面都做好了，才能问心无愧地称得上是个孝子。孝子侍奉父母双亲，身在朝堂之上，地位再高也不骄傲自大，作为下属而不犯上作乱，地位卑微而不与人争斗。身居高位而骄傲蛮横者终究灭亡；作为下属而犯上作乱者，免不了牢狱之灾；身处社会底层，喜欢与人争斗，则会引起相互残杀。这三种恶劣的行径不除掉，即便对父母天天用牛肉、羊肉、猪肉好吃好喝的奉养，也还是不孝之人啊！

一、孝道的"知"与"行"

孔子用先王的"至德要道"——孝，来教化民众。开篇立论高深，从天之经，地之义，人之行，到德之本，教之所由生，讲得深刻、透彻。到本章，稳稳当当地落在了地上，把爱亲、敬亲的孝行，落实到人们的日常行为中，久而久之，习惯成自然，成为人们的自觉行动，完成孝道的"知行合一"。

"知行合一"，是由明代思想家王阳明提出来的。其核心要义，即认为事物的认知及其实践是密不可分的。"知"是指良知良能，也可以理解为上天赋予人类芸芸众生的善良本性；"行"是指人类力行这种善良本性的实践。"知"——这种天赋的善良本性，与"行"——实践这种天赋的善良本性的合一，既不是以前者来吞并后者，"知"已经是"行"的开始；也不是以后者来替代前者，"行"已经充分体现出"知"。"致良知""知行合一"，是阳明心学的核心。主要是关于道德修养、道德实践两个方面，也是中国古代哲学中认识论和实践论的重要命题。像孟子这样的中国古代哲学家认为，人不仅要有认识良知良能的"知"，而且应当有实践良知良能的"行"，只有把"知"和"行"统一起来，才能称得上"止于至善"。王阳明认为："'知'良知良能与'行'良知良能是"合一"的，不能人为地把它割裂开来。'知''行'这两个字，说的是同一种修行。'知'是'行'的主意，'行'是'知'的工夫；'知'良知良能是'行'良知良能的开始，'行'良知良能是'知'良知良能的果实。"意思是说，人类行为的指导思想是古圣先贤倡导的伦理道德，按照伦理道德的要求付诸行动最终完成"良知""良能"；行为的开始是因为在伦理道德指导下，产生了良知良能的意念活动，符合伦理道德规范要求的行为使"良知""良能"得以完成。王阳明说："只说一个'知'（良知良能），已自有'行'（良知良能）在；只说一个'行'（良知良能），已自有'知'（良知良能）在。"知行是一种修行的两个展示面，"知"中有"行"，"行"中有"知"，二者密不可分，不分先后。与"行"分割开来的"知"，不是真知，而是胡思乱想；与"知"分割开来的"行"，不是笃行，而是盲目行事。王阳明提出"知行合一"，既揭示出道德意识在人们行动中的自觉性，要求人们修炼自己的内在精神世界；又突出了道德意识的实践性，强调人们多在事上磨练，实践出真知。

孝道是行出来的，孝子是做出来的。中华民族上下五千年，一代又一代炎黄子孙，连绵不绝地践行着古圣先贤的这种人生大智慧。从孝感动天的大舜，以及日理万机，却三年如一日，日夜守候在母亲病床旁的汉文帝刘恒，到卧冰求鲤的王祥，替父从军的花木兰等等，无不把孝道践行到极致。

新时代，中华民族伟大复兴的"中国梦"，把孝道这个中华传统美德推向了一个新的发展阶段。在 960 万平方公里的神州大地上，涌现出千千万万个道德模范、最美孝子、感动中国人物。仅中央电视总台主办的"寻找最美孝心少年"大型公益活动，从2013年4月18日启动，到2019年已经办了7届，每年都要从成千上万的孝心少年中评选出"十佳最美孝心少年"。他们个个都是孝老爱亲的小天使，以自己一点一滴的孝行，把中华孝道接力传递。接下来，我们走近2019年"十佳最美孝心少年"：

于琪巍：15岁少年，带着病重的妈妈向上"飞"；

孙美平：5岁开始，6年唤醒失忆母亲的"小老师"；

肖乃军：照顾智障妈妈，15岁的小小男子汉；

王凌云：12岁的"阳光女孩"，为家人挡风遮雨；

韩金锁：照顾姥姥的15岁好少年；

路子宽：10岁增重30斤，两次为爸爸捐骨髓；

魏　蓉：最懂感恩的12岁志愿者；

宫井豪：13岁接替爸爸，做家里的顶梁柱；

李欣珂：10岁的美丽天使，是孤寡老人的"小棉袄"；

赵泽华：7岁男孩早当家，课余练就绝活帮爸妈。

这些闪亮的名字和感人的故事，预示着中华孝道历久弥新，后继有人，华夏儿女，将世世代代地传承下去。

二、孝子事亲有"五致"

孔子对孝子的行为，作出了明确的规范：

其一，居则致其敬。

人生步入老年，身体衰老，器官退化，各种能力下降，成为弱势群体。父母要子女赡养，已经感到不中用了，心生自卑。特别需要子女关爱，以慰藉那颗敏感的心。

子游问孝，子曰："今之孝者，是谓能养。至于犬马，皆能有养，不敬，何以别乎?"(《论语·为政》)

子游是孔子的弟子，向老师请教什么是孝，孔子说："如今那些所谓孝顺父母的人，只是让父母吃饱、穿暖便觉得足够了。其实，就是犬马都能够得到饲养。如果对父母没有应有的恭敬之心，那与饲养犬马又有什么区别呢?"

一个社会对待老人及其他弱势群体的态度，反映出这个社会的文明程度。孔子在2500多年前，就提出了这个问题，可见中华文明遥遥领先于世界。在古代，许多对少年儿童的启蒙教材，均强调了对父母的亲爱和孝敬。

"父母呼，应勿缓。父母命，行勿懒。父母教，须敬听。父母责，须顺承。冬则温，夏则凊。晨则省，昏则定。出必告，反必面。居有常，业无变。"(《弟子规·入则孝》)

《弟子规》要求：父母喊自己，要及时答应。父母叫自己去干活，行动快不偷懒。父母教导自己做人做事，要恭恭敬敬仔细聆听。自己做错了事遭到父母责怪，必须顺从不顶嘴。冬天提前给父母暖被窝，夏天提前帮父母把床铺弄凉爽；早晨起来先向父母请安，晚上伺候父母睡了自己再去睡觉。出门要告诉父母自己去哪里，回到家要向父母报平安。外出谋生，居住的地方要尽量固定，不要经常跳槽变换工作，免得父母担心。

中国近代以来，由于失去了文化自信，加之"文化大革命"十年浩劫，否定中华五千年优良传统，搞历史虚无主义，对中华文化进行了毁灭性打击，把中华孝道作为封建糟粕进行批判，产生了十分恶劣的影响。最近中共北京市委组织部推荐了一篇《像对待领导一样对待父亲》的文章，从中折射出许多令人深思，发人深省的问题。

《像对待领导一样对待父亲》

前些天，工作出了些差错，搅得我心神不安。那天晚饭后，父亲打来了电话，说："赶明儿我去给你们送冬白菜，自家种的，你们不用买了，省点儿钱……"

听了父亲的话，心情烦乱的我口气有些生硬地说："这大冷天的，你折腾啥？两蛇皮袋白菜能值几个钱呀！"正在刷碗的妻子一听情况不妙，赶紧跑来，抢过电话，一边应承着一边谢着父亲。

挂断电话，妻子嗔怪着说："父亲给我们送白菜也是一片好心啊，你怎么那么说呀！看看你对待领导那劲头，你什么时候能拿出一半来对待父亲呀？"

想想也是，咱对待领导向来谨小慎微、毕恭毕敬，而对待父亲呢，很多时候似跟"恭"与"敬"还相去甚远，而父亲大概早已习惯了，也从来不跟我计较。别看妻子整天说话没个准儿，这句话还真说到我心坎上了。前思后想，实在有些惭愧。以往的就过去了，这次父亲来送白菜，一定要好好对待。

第二天，父亲冒着严寒来了，我赶紧泡上一杯热茶，双手捧到父亲面前。父亲先是愣了，随后赶紧站起来，双手接了过去。他将水杯里的茶水喝下去一半时，我刚端起来要添水，父亲赶紧使劲儿握住我的手，说啥也不肯让我为他代劳了。

父亲有烟瘾，交谈中他曾两次不由自主地掏口袋，可是香烟还没拿出来，又若无其事地把手抽了出来。我知道，他是怕我说他。当我再次察觉他的举动时，我边从茶几下摸出打火机，边告诉他，想抽就抽一支吧。父亲歉意地笑着，目光中满是犹豫，直到我手里的打火机"啪"一声跳出了火苗，他才掏出烟来。我为他点烟时，他夹烟的手指有些颤抖。

午饭后，父亲要返回去了。他想乘公交车再转长途汽车，我决定叫辆出租车送他到长途汽车站。出租车停到父亲身边，我一步上前帮父亲打开了车门，父亲要上车时，我用右手护住车门的上沿，怕父亲碰了头。父亲看到我这一举动，笑容顿时凝固了，用一种诧异又很感动的眼神看了看我，才坐进了车里……

下午四点多，母亲打来了电话，说父亲平安到家了，母亲还说，父亲回到家里很高兴，变得跟小孩子一样，把我给他倒茶、点烟、开车门的事儿，不厌其烦地讲了好几遍……听着母亲的述说，我突然眼角酸酸的、涩涩的，百感交集！

倒茶、点烟、为领导开车门……平日里，我在领导面前不知重复过多少次，而在父亲面前，仅仅做了一次，父亲便记住了、满足了，觉得自己幸福了！想到这些，我心里如猫抓一般难过……

这篇文章写当下一个儿子对父亲的愧疚，朴实无华，处处洋溢着真情，读来耐人寻味，发人深省。作为中国人，孝敬父母本来是我们做人的根本，但在现实生活中，却被我们自觉不自觉地抛到了脑后，而对我们有着利害关系的领导毕恭毕敬，不敢有丝毫的马虎。这是目前我们社会普遍存在的问题。好在本文的作者心灵深处那颗"孝"的种子已经发芽，接下来开花结果就是自然而然的事情了。北京市委组织部能够推荐这篇文章，并很快在网络上火得不得了，反映出人们内心深处对"孝"产生了共鸣，实现中华民族伟大复兴已经深入人心。

其二，养则致其乐。

古圣先贤对儿女孝养父母有独到的见解。

孝子之有深爱者，必有和气；有和气者，必有愉色；有愉色者，必有婉容。（《礼记·祭义》）

孝子如果对其亲人有深深的爱心，自然会有发自内心的和顺之气；心中有了和气，脸上就会自然而然地流露出愉快的神色；脸上有愉快的神色，自然会形成婉约亲善的容貌。

曾子曰："孝子之养老也，乐其心不违其志，乐其耳目，安其寝处，以其饮食忠养之孝子之身终，终身也者，非终父母之

身，终其身也；是故父母之所爱亦爱之，父母之所敬亦敬之，至于犬马尽然，而况于人乎！"（《礼记·内则》）

曾子说："孝子赡养年老的父母，在于使父母心里感到快乐，不违背他们的意志；说话做事让他们听到、看到都高兴，使他们起居安适，在饮食方面尽心照料周到，直到孝子终身。所谓终身孝敬父母，不是说终父母一生，而是终孝子自己的一生。所以，虽然父母已经去世，但他们生前所爱的，自己也要爱；他们生前所敬的，自己也要敬；就是对他们喜欢的犬马也都要如此对待，更何况对他们爱敬的人呢！"

曾子是这样说的，也是这样做的。

孟子曰："曾子养曾皙，必有酒肉；将彻，必请所与；问有余？必曰'有'。曾皙死，曾元养曾子，必有酒肉；将彻，不请所与；问有余？曰：'亡矣'。将以复进也。此所谓养口体者也。若曾子，则可谓养志也。事亲若曾子者，可也。"（《孟子·离娄上》）

孟子说："曾子奉养父亲曾皙，每餐必定有酒肉，父亲吃毕将要撤去时，曾子必定请问父亲：把剩余的给谁吃？如果曾皙询问家里还有没有，曾子必定说：'有'。曾皙去世，曾子的儿子曾元奉养曾子，每餐也必定有酒肉，曾子吃毕将要撤去时，曾元不问父亲把剩余的给谁吃，如果曾子询问家里还有没有？曾元就说：'没有了'。实际上是要将剩余的下次再给父亲吃，这叫做只满足了父亲的口福和身体需要。只有像曾子那样，尊从了父亲的意愿，才可以叫作孝养了父亲的志。侍奉父母能像曾子那样，就可以了。"

随着中华民族伟大复兴逐渐深入人心，中国年轻一代，传承中华美德的使命感和自觉性不断增强。近年来社会上流行的"您养我长大，我陪您变老"的孝老爱亲的感人故事层出不穷，蔚然成风，使我们古老的孝亲文化焕发出勃勃生机，将造福中华民族和全人类。

其三，病则致其忧。

《弟子规》有言："亲有疾，药先尝，昼夜侍，不离床。"父母生病，都是子女忧心忡忡的时刻。

> 文王有疾，武王不脱冠带而养。文王一饭，亦一饭；文王再饭，亦再饭。旬有二日乃间。（《礼记·文王世子》）

周文王生病了，儿子周武王就头不脱冠、衣不解带地昼夜侍奉。周文王胃口不好，只吃一口饭，周武王也只吃一口饭；周文王吃两口饭，周武王也吃两口饭。一直过了12天周文王病愈后，周武王才松了一口气。

> 父母有疾，冠者不栉（zhì），行不翔，言不惰，琴瑟不御，食肉不至变味，饮酒不至变貌，笑不至矧（shěn），怒不至詈（lì）。疾止复故。（《礼记·曲礼上》）

父母生病了，成年的儿子由于心中忧虑，忙着侍奉父母，头发也顾不上梳理，走路也不再像平常如同小鸟飞翔那样轻快，可讲可不讲的闲话也没有心情讲了，琴瑟等乐器也不再想拨弄了，再好吃的肉，到嘴里也感觉不出味道，再好的酒，也没有兴趣喝到脸红，再高兴的事，也不会开怀大笑，再愤怒，也忍着不敢发作。父母病愈，做儿子的才恢复常态。

我们现实生活中，如果家中有老人生病住院，一家人心上都像压了块大石头，非常沉重。但还要千方百计地开导老人，能让他心情开朗，好好配合医生治疗，争取早日康复。这大概就是中华民族"孝"的基因，传承五千多年仍然在我们体内发酵，所产生的反应吧。

其四，丧则致其哀。

《弟子规·入则孝》告诫孝子：父母亲去世后，要守孝三年，想起父母会难过哭泣，感念父母的养育之恩；在父母的坟墓旁边，搭建一个简单的窝棚，孝子居住在里面，陪伴去世的父母；守孝期间禁绝喝酒吃肉；丧事要完全按照礼法去办，祭祀要完全出于诚心。对待去世的父母，要如同他们生前一样孝敬。

孟懿子问孝。子曰："无违。"樊迟御，子告之曰："孟孙问孝于我，我对曰：'无违'"樊迟曰："何谓也？"子曰："生，事之以礼；死，葬之以礼，祭之以礼。"（《论语·为政》）

鲁国大夫、也是孔子的弟子孟懿子，向老师请教什么是孝，孔子说："孝就是不要违背礼法。"随后孔子的弟子樊迟给老师驾车，孔子对樊迟说："孟孙（孟懿子）问我什么是孝，我回答他说不要违背礼法。"樊迟说："不要违背礼法是什么意思呢？"孔子说："父母健在的时候，要按礼法侍奉他们；父母去世后，要按礼法丧葬他们、祭祀他们。"孟懿子是鲁国的大夫，也是掌控鲁国国政的三大权臣（孟孙氏、叔孙氏、季孙氏）之一，在他父亲去世前，专门把他叫到床前，嘱咐他跟孔子学礼，也就成了孔子的弟子。但这三大权臣从来不把鲁国国君放在眼里，经常干些违背礼法的事情。孔子正是针对这种情况告诉孟懿子，孝就是不要违背你父亲叫你学礼的初衷，一切按规矩行事，否则就谈不上孝了。

亲始死，鸡斯徒跣（xiǎn），扱上衽，交手哭。恻怛之心，痛疾之意，伤肾干肝焦肺，水浆不入口，三日不举火，故邻里为之糜粥以饮食之。夫悲哀在中，故形变于外也，痛疾在心，故口不甘味，身不安美也。（《礼记·问丧》）

父亲（或母亲）刚刚断气，孝子就要脱下吉冠，露出发簪和裹髻的帛在头上，光着脚，把深衣前襟的下摆掖在腰带上，双手交替捶胸顿足地痛哭。那种悲伤万分、痛不欲生的心情，真是五内如焚，一点水也喝不进，一口饭也吃不进，一连三天都不生火，所以左右邻居只好熬点稀粥让他们喝。因为内心无限悲痛，所以面色憔悴，形容枯槁；因为痛不欲生，所以不想吃也不想喝，脱下华美的衣服换上丧服，悲痛欲绝地为亲人办理丧事。

其五，祭则致其严。

中华文化，一直以来，比较重视对已经过世的父母双亲的祭祀。

祭不欲数，数则烦，烦则不敬。祭不欲疏，疏则怠，怠则忘。是故君子合诸天道：春禘（dì）秋尝。霜露既降，君子履之，必有凄怆之心，非其寒之谓也。春，雨露既濡，君子履之，必有怵惕之心，如将见之。乐以迎来，哀以送往，故禘有乐而尝无乐。

致齐于内，散齐于外。齐之日：思其居处，思其笑语，思其志意，思其所乐，思其所嗜。齐三日，乃见其所为齐者。祭之日：入室，僾（ài）然必有见乎其位，周还出户，肃然必有闻乎其容声，出户而听，忾然必有闻乎其叹息之声。是故，先王之孝也，色不忘乎目，声不绝乎耳，心志嗜欲不忘乎心。致爱则存，致悫（què）则着。着存不忘乎心，夫安得不敬乎？

君子生则敬养，死则敬享，思终身弗辱也。君子有终身之丧，忌日之谓也。忌日不用，非不祥也。言夫日，志有所至，而不敢尽其私也。（《礼记·祭义》）

祭祀的礼节，不能太繁琐，太繁琐了就会使人感到厌倦而产生惰性，有了倦惰的状况，便失去了对父祖神灵应有的虔诚和崇敬之心。但祭祀也不能过于疏忽和简单，过于疏忽和简单就会使人产生怠慢之感，怠慢而疏于祭祀，久而久之就会把祖先给遗忘了。因此，古圣先贤按照天地自然运行规律，春天举行禘（dì）

祭典礼，秋天举行尝祭典礼。晚秋时节，霜露降临到天地之间，多愁善感的君子踏着霜露，悲凉之感油然而生。这种情感不单纯为霜露寒冷，更是由逝去的亲人而悲伤从心中涌起。春暖花开，雨露滋润万物，君子踏青赏春，怦然心动，希望逝去的亲人能像春回大地那样重回人间。人们以欣喜的心情迎接亲人回来，以哀伤的心情送别永远逝去的亲人，所以春天举行的禘（dì）祭典礼用乐舞，而秋天的尝祭典礼则不用乐舞。

祭祀之前，致斋即行斋戒之礼三日，居住在精致的书斋内，主要是调理精神；散斋七日，即行预备性礼仪，可以在书斋之外进行，停止一切娱乐活动，隔绝与外界交际。致斋之时，时时刻刻思念逝者生前的日常生活，欢声笑语；回顾他的雄心壮志，怀念他的快乐时光，想起他的兴趣爱好。这样致斋三日，才能把所要祭祀亲人的音容笑貌，活生生地浮现在脑海中。

祭祀之日，进入到安置父祖先人灵位的宗庙里，仿佛看到了亲人活着时的样子；礼拜过后转身要出门时，心中肃然响起亲人说话的声音；出门之后，仔细聆听，耳畔还慨然听到亲人发出的长叹。因此，先世圣明的君王孝敬亲人，亲人的影像容貌永远不会在他眼里消失，亲人的声音总在他耳畔回响，亲人的兴趣爱好也总让他记忆犹新。对亲人挚爱到了这种程度，亲人永远活在他心里，对亲人虔诚到了这种程度，亲人的容貌声音自然总是活灵活现在他眼前。对这样活在心里、呈现在眼前的亲人，怎能不尊敬呢？

古代能够称得上君子的人，在父母活着的时候则孝敬赡养，父母死后则能够享受到虔诚地祭祀，一辈子都不敢做有辱父母的事。君子有终身之丧，那就是说，年年都有父母离开我们那个伤心的日子。父母的"忌日"，不做别的事情，并非那天做事不吉利，而是那一天心里特别想念父母，没有心思去做其他事情。

国家 2008 年正式确立清明节为法定节假日后，对中华孝道的传承起到了很好的推动作用，全社会尊老孝亲的良好风尚，受到越来越多人的尊崇，促进家庭更加和睦，社会更为和谐。

三、孝子守身必"三除"

修身是君子的日常功夫，完成了修身，才有资格谈守身。在《孝经·纪孝行章》中，孔子说：孝敬父母双亲，身居高位而不骄傲自大，作为下属而不犯上作乱，地位卑微而不与人争斗。身居高位而骄傲蛮横者终究灭亡，作为下属而犯上作乱者免不了牢狱之灾，身处社会底层，喜欢与人争斗，争斗则会引起相互残杀。这三种恶劣的行径不除掉，即便对父母天天用牛、羊、猪肉或者鸡、鸭、鱼肉，好吃好喝的奉养，也还是不孝之人啊。

孟子曰："事孰为大？事亲为大。守孰为大？守身为大。不失其身而能事其亲者，吾闻之矣。失其身而能事其亲者，吾未之闻也。孰不为事？事亲，事之本也。孰不为守？守身，守之本也。"（《孟子·离娄上》）

孟子说："侍奉谁最为重要？侍奉父母最为重要。守护什么东西最为重要？守护自身的节操最为重要。不丧失自身的节操，而能侍奉父母的人，我听说过；丧失自身的节操，却能侍奉父母的人，我未曾听说过。需要侍奉的人哪个不该侍奉呢？但侍奉父母，是侍奉中的根本；需要守护的事哪样不该守护呢？但守护自身的节操，是守护中的根本。

身居高位最容易出的问题就是骄奢淫逸。因为位高权重，就容易滋长傲慢之心，一般人都不会放在眼里，久而久之，周围的人就会同他产生矛盾，形成不良的环境氛围；有了权力地位，人的各种欲望就容易膨胀，在欲海里游荡，把持不好就会迷失方向，沉入无底深渊，导致身败名裂。古今中外，概莫能外。党中央新时代强力反腐肃贪，从中央到地方，查处了一批正国级、副国级和省部级"大老虎"，都说明身居高位，傲慢霸道必然灭亡。

子女出事，最伤心的莫过于父母。看着孩子一天天长大，越来越有出息，终于出人头地，到了很高的位置，父母会感到很荣耀。但高处不胜寒，骄傲自大，贪污腐化，专横跋扈，最终结果是身败名裂，从天堂跌到地狱，叫父母情何以堪。这也是对父母极大的不孝。为人下属，本应忠于职守，尽职尽责，为上司分忧，为人民解难。但由于私欲泛滥，摆不正自己的位置；或受人蛊惑，是非不分，犯上作乱，沦为乱臣贼子。一失足成千古恨，难免牢狱之灾，让父母蒙羞，成为不肖子孙。身处社会底层，生活艰难辛苦。不过这个阶层也是社会中的绝大多数，只要勤劳节俭，遵纪守法，也能过上安稳的日子。如果好学上进，奋发有为，持之以恒，自强不息，功夫不负有心人，必能成就一番事业。但就有那么一些人，地位低下又不思进取，自私自利又好逸恶劳；整天无所事事，戳事倒非，一言不合，拳脚相加；交一些狐朋狗友，狼狈为奸，打架斗殴是家常便饭。让父母一天到晚为他提心吊胆。

身居高位而骄傲蛮横者终究灭亡；作为下属而犯上作乱者，免不了牢狱之灾；身处社会底层，喜欢与人争斗，则会引起相互残杀。每一个为人子女者，都要时刻警钟长鸣。

第十一章
不孝是最大的犯罪

《孝经·五刑章》

子曰："五刑之属三千，而罪莫大于不孝。要（yāo）君者无上，非圣人者无法，非孝者无亲。此大乱之道也。"

孔子说："五刑所属的犯罪条款有 3000 种，没有比不孝敬父母的罪过更大的了。以暴力威胁君王的人，叫做目无君王；诽谤诋毁圣人的人，叫做目无法纪；诽谤诋毁孝子的人，叫做目无父母双亲。这三种人的恶劣行径，是造成天下大乱的根源。"

御注 圣王之教虽不肃而成，其政虽不严而治，然世有骄乱忿争而自罹（lí）于罪恶者，刑辟亦不可不加也。故以"五刑"名章，次于"纪孝行"之后。（《御注孝经》⎨清雍正注⎬）

清雍正皇帝注 圣明君王的教化，虽然不采取严肃的态度就能获得成功，圣王行政，不需要采用严刑峻法就能把社会治理得很好，但世上难免有极个别骄横霸道、胡作非为的人，胆敢作恶，以身试法，刑罚也不能不对他严加惩处。因此以"五刑"章命名，列于"纪孝行章"之后。

五刑：即墨刑、劓（yì）刑、刖（fèi）刑、宫刑、大辟（极刑）5种刑法。墨刑，即在犯人的额头上刺字，然后涂上黑墨，把额头上的字变成墨色的刑法；劓刑，即把犯人鼻子割掉的刑法；刖刑，即把犯人的脚砍断的刑法，它的另一种称谓叫"刖"（yuè）刑；宫刑，即把犯罪男人的睾丸割掉，或者把犯罪女子的生殖器官破坏的刑法，也有一种说法是把女子幽闭，囚于宫室；大辟（极刑），也就是死刑。据《尚书·吕刑》记载："墨罚之属千，劓罚之属千，刖罚之属五百，宫罚之属三百，大辟之罚其属二百。五刑之属三千。"言此3000条中，罪之大者，莫过于不孝也。

邢疏 凡为人子，当须遵承圣教，以孝事亲，以忠事君。君命宜奉而行之，敢要（yāo）之，是无心遵於上也。圣人垂范，当须法则，今乃非之，是无心法於圣人也。孝者百行之本，事亲为先，今乃非之，是无心爱其亲也。卉木无识，尚感君政；禽兽无礼，尚知恋亲。况在人灵？而敢要君，不孝也。逆乱之道，此为大焉。故曰：此大乱之道也。（《御注孝经·唐明皇撰·邢昺疏》）

邢昺注疏 大凡为人子女，应当必须尊崇传承唐尧、虞舜、周文王、周武王、周公、孔子这些圣人的教导，以孝来侍奉父母双亲，以忠来侍奉君王。君王之命应该遵照执行。而今非但不遵守，竟敢要挟君王，是心怀不轨、目无君王的犯上作乱；圣人制礼作乐，垂范万世，应当敬畏效法，如今竟然诽谤诋毁，是心无圣贤、目无法纪的犯罪行为；孝是百善之本，以孝敬父母为先，如今竟然诽谤诋毁，是丧尽天良、禽兽不如。花草树木无知无识，尚且能够感知阳光雨露，并融入其生长的环境；飞禽走兽不懂礼法，尚且知道依恋它的同类亲族，何况还是万物之灵的人类呢？而今竟敢要挟君王，对君王不忠，也是不孝的表现。逆君作乱，祸国殃民，罪大恶极。所以说，这是天下大乱的根源。

御注　人生莫大于君亲；道法莫尊于圣人。君者，臣下所禀命而恭敬以从之者也。乃敢要挟之是无上也。圣人制礼作乐，传之万世而共遵者也。乃敢非毁之是无法也。为人子者，当行孝道以事二亲，天理人伦之极则也。而敢非毁之，是无亲也。

夫人之一身，君治之；师明圣道以教之；父母生之。所谓"民生于三也"。若不忠于君，不则于圣，不爱于亲，三者有一于此，皆罪恶至极，大乱之道也，刑必加之。而不孝之罪与要君非圣等，故莫大于不孝也。孝足以治；不孝足以乱。孝之所管诚重矣哉！(《御注孝经》|清顺治注|)

清顺治皇帝注　人生最重要的人莫过于君王和父母；最应该尊崇和效法的莫过于圣人。君王，是君临天下王权的象征，大臣本应该恭敬而忠诚地执行王命，尽职尽责，却竟敢要挟胁迫君王，是目无君王，以下犯上。圣人制礼作乐，流传万世，万民理应共同遵守，但竟敢诽谤诋毁，简直是无法无天。为人子女，应当力行孝道，侍奉父母双亲，这是人类伦理道德的最高准则，却竟敢诽谤诋毁，是心目中没有父母双亲，可谓禽兽不如。

人这一辈子，父母给予我们生命，老师用圣贤之道教会我们做人的道理，君王治理社会，为我们创造了发展成长的良好环境。所谓"民生于三"说的就是这个道理。如果不忠于君王，不效法于圣人，不爱自己的父母双亲，这三者中有其中的一条，就是罪大恶极，是造成天下大乱的根源，必须用刑法严加惩处。而不孝之罪，同要挟君王和诽谤诋毁圣人的罪恶是同等的。所以说，人的行为没有比不孝敬父母更大的罪恶了。孝行天下，天下就会大治；孝道不行，天下就会大乱。孝道对于天下的治理，关系太重大了。

一、非毁圣人者必亡

尧舜敬天爱民，成为人民所敬仰的圣人。

文武周公顺天应人，讨伐无道昏君，救民于水火，被天下尊为圣人。诗云：

原诗：	今译：
文王在上，	文王神灵在天上，
于昭于天。	在天上啊放光芒。
周虽旧邦，	岐周虽是旧邦国，
其命维新。	接受天命新气象。

有周不显，	周朝前途无限量，
帝命不时。	上帝之命时最当。
文王陟降，	文王神灵升和降，
在帝左右。	都在上帝的身旁。
亹亹（wěi）文王，	勤勤恳恳周文王，
令闻不已。	留下美名传四方。
陈锡哉周，	上帝赐他兴周国，
侯文王孙子。	文王子孙做君王。
文王孙子，	文王子孙多兴旺，
本支百世，	大宗小宗百世昌。
凡周之士，	凡是周朝士大夫，
不显亦世。	世代显贵俱荣光。
世之不显，	世代显贵沾荣光，
厥犹翼翼。	谋事谨慎又周详。
思皇多士，	贤士众多皆俊杰，
生此王国。	此生有幸在周邦。
王国克生，	周邦能出众贤士，
维周之桢；	都是国家好栋梁；
济济多士，	济济一堂人才多，
文王以宁。	文王安宁国富强。
穆穆文王，	庄重恭敬周文王，

于缉熙敬止。　　　　　　谨慎光明又善良。

假哉天命。　　　　　　　上天意志多伟大，

有商孙子。　　　　　　　殷商子孙来归降。

商之孙子，　　　　　　　那些殷商的子孙，

其丽不亿。　　　　　　　数字上亿难估量。

上帝既命，　　　　　　　上帝既已降旨令，

侯于周服。　　　　　　　殷商称臣服周邦。

侯服于周，　　　　　　　俯首称臣于周邦，

天命靡常。　　　　　　　天命无常酬明王。

殷士肤敏。　　　　　　　殷侯勤敏陈礼器，

祼（guàn）将于京。　　　京师灌祭陪周王。

厥作祼将，　　　　　　　看他助祭行灌礼，

常服黼冔（fú　xǔ）。　　冠服仍是殷时装。

王之荩（jìn）臣。　　　　成王所用诸大臣，

无念尔祖。　　　　　　　牢记祖德永勿忘。

无念尔祖，　　　　　　　牢记祖德永勿忘。

聿修厥德。　　　　　　　自身德行须加强。

永言配命，　　　　　　　永远修德配天命，

自求多福。　　　　　　　自求多福永吉祥。

殷之未丧师，　　　　　　殷商未失民心时，

克配上帝。　　　　　　　能应天命把国享。

宜鉴于殷，　　　　　　　借鉴殷商兴亡事，

骏命不易！	国运永昌不寻常。

命之不易，	国运永昌不寻常，
无遏尔躬。	切勿断送你手上。
宣昭义问，	发扬光大好声望，
有虞殷自天。	幸有殷鉴从天降。
上天之载，	上天行事总这样，
无声无臭。	无声无臭费思量。
仪刑文王，	只有效法学文王，
万邦作孚。	万邦诸侯都敬仰。

（《诗经·大雅·文王》）

正因为如此，孔子才对非毁圣人者提出了严正的警告。历史也印证了，非毁圣人的人，绝没有好下场。

诽谤诋毁圣人最典型的朝代是秦朝，罪魁祸首是秦始皇及其助纣为虐的帮凶。

《韩非子·显学》记载：韩非子说："孔子、墨子全都称道尧、舜，但他们的取舍又大不相同，却都自称得到了真正的尧、舜之道。尧和舜不能复活，该叫谁来判定儒、墨两家的真假呢？自儒家所称道的殷、周之际到现在700多年，自墨家所推崇的虞、夏之际到现在2000多年，就已经不能判断儒、墨所讲的是否真实了；现在还要去考察3000多年前尧、舜的思想，想来更是无法确定的吧。不用事实加以检验就对事物作出判断，那就是愚蠢；不能正确判断就引为根据，那就是欺骗。所以，公开宣称依据先王之道，武断地肯定尧、舜的一切，不是愚蠢，就是欺骗。对于这种愚蠢欺骗的学说，杂乱矛盾的行为，明君是不能接受的。"

韩非子的谬误在于，他虚无地看待在他之前3000多年的中华文明历史，非毁圣人之道。纵观他的政治主张，宣扬"霸道"，诋毁"王道"，要求"废先王之教"，强调君王强权统治，推行残暴酷刑。要去"五蠹"，防"八奸"。所谓五蠹：一是指儒家"学者"；二是指纵横家"言谈者"；三是指游侠"带剑者"；'四是指"患御者"，这些人逃避兵役，主要是以贵族作靠山；五是指从事商业和手工业的"商工之民"。韩非子认为这些人是无益于耕战的"邦之虫"，并且会扰乱法制，必须铲除。（《韩非子·五蠹》）韩非子所说的"八奸"：一奸是君主的妻妾，称为"同床"；二奸是君主的亲信侍从、俳优、侏儒等，称为"在旁"；三奸是君主的叔侄兄弟，称为"父兄"；四奸是有意讨好君主的人，称为"养殃"；五奸是私自散发公家财物，慷国家之慨而取悦民众的臣下，称为"民萌"；六奸是网罗说客辩士，大量"养士"收买人心，制造舆论的臣下，称为"流行"；七奸是豢养带剑门客、亡命之徒，炫耀自己威风的臣下，称为"威强"；八奸是用国库财力培养个人势力，结交大国的臣下，称为"四方"。要像防贼一样防备这些人，他们都有可能威胁到国家安危。（《韩非子·八奸》）

非常悲剧的是，他向秦王嬴政（即秦始皇）提出的残暴酷刑，首先用在了他自己的身上。秦王嬴政下令将他下狱审讯，时任廷尉的李斯派人给他送去毒药，最终服毒自杀身亡。

秦始皇"焚书坑儒"，是诽谤诋毁圣人、毁灭中华文明、罪孽深重的重大事件。

　　始皇置酒咸阳宫，博士七十人前为寿。仆射周青臣进颂曰："他时秦地不过千里，赖陛下神灵明圣，平定海内，放逐蛮夷，日月所照，莫不宾服。以诸侯为郡县，人人自安乐，无战争之患，传之万世。自上古不及陛下威德。"始皇悦。博士齐人淳于越进曰："臣闻殷、周之王千余岁，封子弟功臣，自为枝辅。今陛下有海内，而子弟为匹夫，卒有田常、六卿之臣，无辅拂（bì），何以相救哉？事不师古而能长久者，非所闻也。今青臣又面谀以重陛下之过，非忠臣。"始皇下其议。丞相李斯曰："五帝不相复，三代不相袭，各以治，非其相反，时变异也。今陛下创大业，建万世之功，固非愚儒所知，且越言乃三代之事，何足法也？异时诸侯并争，厚招游学。今天下已定，法令出一，百姓当家则力农工，士则学习法令辟禁。今诸生不师今而学古，以非当世，惑乱黔首。丞相臣斯昧死言：古者天下散乱，莫之能一，是以诸侯并作，语皆道古以害今，饰虚言以乱实，人善其所私学，以非上之所建立。今皇帝并有天下，别黑白而定一尊。私学而相与非法教，人闻令下，则各以其学议之，入则心非，出则巷议，夸主以为名，异取以为高，率群下以造谤。如此弗禁，则主势降乎上，党与成乎下。禁之便。臣请史官非秦记皆烧之。非博士官所职，天下敢有藏《诗》、《书》、百家语者，悉诣守、尉杂烧之。有敢偶语《诗》《书》者弃市。以古非今者族。吏见知不举者与同罪。令下三十日不烧，黥为城旦。所不去者，医药卜筮（shì）种树之书。若欲有学法令，以吏为师。"制曰："可。"（《史

记·秦始皇本纪》)

　　始皇帝设宴咸阳宫，上前敬酒祝寿的有 70 位博士。仆射
（yè）周青臣谄媚地说："从前秦国土地不过千里，仰仗陛下神灵
明圣，平定天下，驱逐蛮夷，凡是日月所照耀到的地方，没有不
臣服的。把诸侯国改置为郡县，人人安居乐业，不必再担心战
争，功业可以传之万代。您的威德，自古及今无人能比。"始皇
帝很高兴。博士齐人淳于越进谏说："我听说殷商、周朝统治天
下达一千多年，分封子弟功臣，给自己当作辅佐。如今陛下拥有
天下，而您的子弟却是平民百姓，一旦出现像齐国田常、晋国六
卿之类谋杀君主的臣子，没有辅佐，谁来救援呢？凡事不效法古
人而能长久的，还没有听说过。刚才周青臣又当面阿谀，以致加
重陛下的过失，这不是忠臣。"始皇帝把仆射周青臣和博士淳于
越的建议交给群臣讨论。时任丞相的李斯说："五帝的制度不是
一代重复一代，夏、商、周的制度也不是一代因袭一代，都凭着
各自的制度治理好了。这并不是他们故意要彼此相反，而是由于
时代变了，情况不同了。现在陛下开创了大业，建立起万世不朽
之功，这本来就不是愚陋的儒生所能理解的。况且淳于越所说的
是夏、商、周三代的事，哪里值得取法呢？从前诸侯并起纷争，
才大量招揽游说之士。现在天下平定，法令出自陛下一人，百姓
在家就应该致力于农工生产，读书人就应该学习法令刑禁。现在
儒生们不向今天的现实学习，却要效法古代的，以此来诽谤当
世，惑乱民心。丞相李斯冒死罪进言：古代天下散乱，没有人能
够统一，所以诸侯并起，说话都是称引古人为害当今，矫饰虚言

挠乱名实，人们只欣赏自己私下所学的知识，指责朝廷所建立的制度。当今皇帝已统一天下，分辨是非黑白，一切决定于至尊皇帝一人。可是私学却一起非议法令，教化人们听到法令下达，就各根据自己所学加以议论，回家就在心里非难，出来就街谈巷议，在君主面前自我吹嘘，以此来沽名钓誉，追求奇异说法以抬高自己，在民众当中带头制造谤言。这种情况若不禁止，在上面君主的权威就会下降，在下面朋党的势力就会形成。臣以为禁止这些是合适的。我请求让史官把不是秦国的典籍全部焚毁。除博士官署所掌管的之外，天下敢有收藏《诗》《书》、诸子百家著作的，旨意郡守、郡尉负责全都一起烧掉；有敢私下在一块儿谈论《诗》《书》的，在闹市处死示众；敢借古非今的满门抄斩。官吏如果知道而不举报，以同罪论处。命令下达 30 天仍不焚烧书籍的，施"黥刑"即在脸上刺字，同时处以"城旦"之刑，发配边疆 4 年，白天戍边防寇，夜晚修筑长城。不在焚毁之列的，仅为医药、占卜、种植之类的书。如果有人想要学习法令，就以官吏为师。"始皇帝下达命令说："照此执行。"

这就是在丞相李斯的蛊惑下，贻害千古的秦始皇"焚书"事件。接下来我们再来说说秦始皇"坑儒"事件。秦始皇为了寻求长生不老之术，派齐人徐市，燕人卢生、侯生等入蓬莱、瀛洲等大海，遍寻仙人，多年未果。目睹秦始皇残暴毒辣、滥杀无辜，卢生、侯生怕骗局败露，性命不保，溜之大吉。秦始皇大怒，又开杀戒。

始皇闻亡，乃大怒曰："吾前收天下书不中用者尽去之。悉召文学方术士甚众，欲以兴太平，方士欲练以求奇药。今闻韩众去不报，徐市等费以巨万计，终不得药，徒奸利相告日闻。卢生等吾尊赐之甚厚，今乃诽谤我，以重吾不德也。诸生在咸阳者，吾使人廉问，或为訞（通"妖"）言以乱黔首。"于是使御史悉案问诸生，诸生传相告引，乃自除犯禁者四百六十余人，皆坑之咸阳，使天下知之，以惩后。益发谪徙边。始皇长子扶苏谏曰："天下初定，远方黔首未集，诸生皆诵法孔子，今上皆重法绳之，臣恐天下不安。唯上察之。"始皇怒，使扶苏北监蒙恬于上郡。（《史记·秦始皇本纪》）

秦始皇听说卢生和侯生逃跑了，就非常愤怒地说："我先前查收了天下所有不适用的书，都把它们烧了。征召了大批文学和有各种技艺的方术之士，想用他们振兴太平，这些方士想要炼造仙丹寻找奇药。今天听说寻访神仙的人逃跑了。徐市等人花费的钱用亿来计算，最终也没找到奇药，只是他们非法谋利、互相告发的消息传到我耳朵里。对卢生等人我尊重他们，赏赐十分优厚，如今竟然诽谤我，企图以此加重我的无德。这些方士儒生，人在咸阳的，我派人去查问过，有的人竟妖言惑众，扰乱民心。"因此派御史全面调查审问那些方士和儒生，这些人相互告发牵扯，从中查出触犯禁令的有460多人，秦始皇亲自把他们剔除名籍，一个个都活埋在咸阳城外，让天下的人都知道这件事，借以警告后人。又增派更多的流放人员迁往边境去戍守边疆。秦始皇的长子——公子扶苏劝谏父皇说："天下刚刚平定，远方百姓还没有归附，儒生们都诵读诗书，效法孔子，现在皇上一律用重刑惩治他们，我担心天下将会不安定，希望皇上明察。"扶苏的劝谏让秦始皇恼羞成怒，立即派遣这个惹他恼怒的儿子作为大将蒙恬的监军，远赴北方上郡。

秦始皇"焚书坑儒"，非毁中华文化，残忍坑杀方士儒生，导致天怒人怨，使秦朝的残暴统治仅仅存在了 15 年，就短命而亡。帮凶李斯，在秦始皇死后，与宦官赵高在朝廷内斗中，被秦二世和赵高合谋杀死，下场悲惨。

二、父母得不到赡养，是社会最大的痛

近代以来，国人失去了文化自信，掀起了一场非毁中华传统文化的狂潮："打倒孔家店""批林批孔"，使中华文明遭受了空前的劫难。孝道在世人观念中逐渐淡化，子女对父母不孝与犯罪似乎相去甚远。但现实社会中血淋淋的案例不能不引起我们的高度重视和深刻反思。

鉴于孝道在当代社会的缺失，全国人大代表（黑龙江籍）翟玉和拿出 10 万元，于 2005 年 10 至 12 月，组织 7 人分成 3 个普查组，对全国农村孝道现状进行普查。他们用了 50 天时间，调查了除台湾省外 31 省 46 县 72 村 10401 人，走过的路程达 5.2 万公里。结果显示：儿女对父母感情麻木的占 53%，老人与子女分居的占 45.3%，老人一年不添一件新衣服的占 93%，老人连换洗衣服都没有的占 69%，老人还在干农活的占 85%，老人精神状态好的只占 8%，精神状态较好的占 39%，精神状态差的占 53%。

只有 18% 的受访者能够做到孝敬父母，有 30% 的人不孝敬父母。

这一万多个接受调查的人年均收入 650 元，有 78% 的老人是自己养活自己，有 22% 是靠儿女供养。调查结果显示：老人们吃得最差，穿得最破，住房空间最小。空巢老人大多眼神茫然空洞，无精打采，反应迟钝，表情麻木。生活上得不到赡养的老人，抱着活一天算一天的消极思想，精神状态很差。令调查组为之一振的是，少数民族地区由于独特的民族文化和风俗习惯，老人们生活过得比较丰富多彩。

翟玉和的家乡在鸡西市麻山区麻山村，他了解到村里的独居老人占 70%。有一对 80 多岁的老夫妻，老头子行动不利索，老太太瘫痪在床上已经很多年了。2001 年过年期间，邻居发现他家烟囱不冒烟了，门前的雪白茫茫一片也没人扫，有头牛随便进去出来也没人赶，邻居好奇的推门进去一看，俩老人已经死了！身体已经变得硬邦邦的。什么时候死的？怎么死的？没有人知道。老两口有儿子，也有女儿，就住在同一个村子，许多年了，儿女都没有进过爹娘的门。有一年孙子结婚，爷爷也想去看看喝杯喜酒，儿媳妇竟然无情地把老公公拒之门外。老两口死后，热心的邻居跑去把他们的儿女找回来，老人不孝的儿女才算见了父母最后一面。当地老百姓称这老两口之死为"麻山惨剧"。

我们再说说孔子的诞生地、也是孝道的发祥地山东曲阜，看看这块历史上最讲孝道的地方，当时情况如何。黑龙江鸡西大学的学生田景军、付玄、王彪三人从 2009 年 2 月 20 日到 4 月 20 日的两个月里，调查了山东省济宁市所辖的曲阜市南辛镇的 43 个村庄，调查了 2000 多个家庭中 65 岁以上的老人 1186 位。调查显示：有 72.2% 的老人与儿女没有住在一起，有 5.6% 的老人吃不饱，有 85% 的老人破衣烂衫。

他们在调查在发现了许多奇怪的村落：三五户或十几户老人，有的在野外树林里，有的在荒坡上搭建起简易的房子住进去，老百姓称之为"躲儿庄"。村民们说：金门钉，金光光，红漆门，小楼房，村外搭起小矮屋，老人叫它"躲儿庄"。"躲儿庄"，"躲儿庄"，儿孙脸，看着伤；儿孙碗，端着烫，躲个清净住进庄。

为什么会出现"躲儿庄"？一部分老人是被不孝的儿女赶出家门，流落到"躲儿庄"；有的是受不了儿女的气，"眼不见心不烦"，跟其他老人在一起有人说说话，排遣一下心中的烦恼，在外面"躲清静"。老人们虽然满肚子的怨恨和委屈，但许多人宁愿让它烂在肚子里，也不愿意说出来，有的老人在调查人员面前甚至守口如瓶。田景军他们分析说，有的老人怕子女知道不敢说；有的老人认为"家丑不可外扬"不能说；还有部分老人问田景军："说了管用吗？"他们认为说了也白说，不想说。

田景军他们对老人们的子孙也进行了问卷调查，真正能称得上孝子的不多，而那些对父母十恶不赦的不肖子孙也是极少数，大多数人只顾自己的小家庭，对老人漠不关心。老人们无可奈何地生活在这种"软折磨"或"冷暴力"的环境之中。

调查中也有叫人眼前一亮的好典型，苏家村有一个大孝子，他把 97 岁母亲伺候得衣衫整洁，神情安泰。村民们都对他赞不绝口，这个孝顺的儿子说，那怕是找人借钱、逃荒要饭也要把老妈伺候好。

老人心声：

我养你们 18 年，你们养我 8 年还不行吗？

能动一天就得干，不能干躺下就等死。

小病挺，大病捱（ái），病死也不敢往医院抬。

儿女有了钱就没了心，除了钱就谁也不认了。

我养儿女是本分，是应该；儿女养我是麻烦，是负担。

俩老的年轻时能养一帮小的，一帮小的长大后却不愿养俩老的。这人哪，还真赶不上兽啊。

孝，是一辈说给一辈听，一辈做给一辈看，光讲大道理没用，全凭良心。全国人大代表（黑龙江籍）翟玉和、《鸡西日报》副总编盛春华与当地各个村的党支部书记探讨，"小羊有跪乳之恩，乌鸦有反哺之义"，现在有的人怎么就变得禽兽不如了呢？有些年纪较大的老书记经历过"文化大革命"十年动乱，他们认为那个年代"亲不亲，阶级分"，儿子批判亲爹，学生批斗殴打老师，彻底颠覆了人们是非善恶的观念，紧接着又开展"批林批孔"运动，把两千多年来人们一直崇敬的圣人孔子打翻在地，再踏上一只脚，让他永世不得翻身。孝道这一善良的德行被彻底地扼杀了，人性中那头邪恶的野兽就跑出来兴妖作怪。改革开放以后，市场经济中认钱不认人的观念，又让一些年轻人迷失了方向，他们觉得"世上只有钱最亲"。所以，孝道离我们渐行渐远，眼看着就要失传。

三、"爱聚孔子故里"，重塑"礼义之邦"的
道德高地

中国共产党是全心全意为人民服务的政党，也是一个不断反思、自觉修正错误的政党。针对当时社会普遍存在的问题，党的十六届四中全会于 2004 年第一次明确提出，要"坚持最广泛最充分地调动一切积极因素，不断提高构建社会主义和谐社会的能力"。为贯彻落实中央加强精神文明建设的有关指示精神，重塑"礼义之邦"的道德高地，山东省自 2007 年起，启动实施"四德工程"。首先是突出"孝德"在家庭美德中的重要性，其次是突出"诚德"在职业道德中的重要性，其三是突出"爱德"在社会公德中的重要性，其四是突出"仁德"在个人品德中的重要性。山东省把公民道德规范创造性的具体化、生活化，重点突出，操作性强。说的话让群众觉得贴心入耳，树的典型让人民仿佛触手可及，为凡人善举立传，让善行义举上榜。道德建设，光靠自觉不行，还得有"硬杠杠"。省委、省政府将"四德工程"纳入经济社会发展总体规划，根据全省各个地区经济社会发展水平的不同，把全省 138 个县（市、区）划分为 3 类，进行量化考核，每一项标准都让干部群众看得见、摸得着、拎得动。到 2014 年，全省已有 100 多个县市区建立善行义举"四德"榜 2 万多个，为人民群众的凡人善举"树碑立传"的达 1000 多万人，形成了全省人人争当"四德"模范的良好社会氛围。

在建设和谐家庭方面，山东省东营市于 2005 年 7 月，由组织出面协调，儿女与父母签订了 10 多万份赡养协议。

全国人大代表（黑龙江省籍）翟玉和，于 2006 年全国人大会议期间，在他全国农村孝道调查的基础上，以天下儿女的一片孝心，尽一个全国人大代表应尽之责，联合 30 名全国人大代表写了一个《如何挽救失去的孝道》的提案，提交全国人民代表大会。

翟玉和认为：孝道是亲情间的感情传递，展现的是家庭的和睦。而家庭稳定是社会稳定的基础，因而，从这个意义上说，孝道是维护社会稳定、构建和谐社会的一剂良药。他认为，一个重小轻老不讲秩序的家庭要给社会添乱，不孝会导致单亲家庭的增多和犯罪率居高不下，孝道的淡化是滋生腐败的一个重要温床，"在家不尽孝，为国难尽忠"。这些都与构建和谐社会不相适应。当今时代，抓孝道，是成本最低成效最大，无需政府投入，只需大力持久倡导的德政工程。为此翟玉和提出五大对策：

（一）修改《老年人权益法》。在该法律条文中，增加不孝敬老人属于违法犯罪行为。正如《孝经·五刑章》所讲的那样："五刑之属三千，而罪莫大于不孝。"要让天下所有的儿女都认识到，不孝敬父母是很严重的违法犯罪行为。

（二）孝道从娃娃抓起。要把孝文化的内容写进教材，走进学校，进入课堂教学。增强老师和学生孝敬父母、尊敬师长的意识。

（三）报纸、广播电视、互联网等所有宣传平台，都要大力弘扬孝道，曝光不孝敬老人的典型案例，对其进行口诛笔伐。让孝敬老人的儿女受人尊敬，让不孝子孙成为过街老鼠，人人喊打。在全国范围内开展评选"十大孝子、孝媳"活动，并给予精神激励和经济奖励。

（四）成立"村老会"，加强农村基层组织建设。发挥村里德高望重长者的作用，请他们出面调解子女与父母之间的矛盾，处理家庭纠纷，促进两代人和睦相处。

（五）探索中国特色的养老之路，加强农村家庭养老机构建设。孟子曰："孝子之至，莫大乎尊亲；尊亲之至，莫大乎以天下养。"（《孟子·万章上》）建议国家及早颁布孝老爱亲的有关政策，完善农村家庭养老服务机构建设，增加相关投入，让全社会的老人都能安享晚年，促进社会和谐发展。

前面谈到的孔子故里曲阜，针对原来存在的问题，痛下决心，强力推行"彬彬有礼道德城市"建设，取得了可喜成绩。到2014年春天，"善行义举四德榜"遍布曲阜市12个镇街、405个行政村，有70%以上的村民上榜。全市有100个村被评为孝德村居，有1000个家庭被评为孝德家庭，有1万个孝顺的儿子（媳妇）、孝顺的女儿（女婿）被评为孝敬老人、勤俭持家、济贫助困、乐善好施的孝德儿女。据人民日报2014年2月28日报道，山东省曲阜市小雪街道武家村村民周长梅，丈夫武茂伟在外打工，一个人带着孩子，长期照顾80多岁的爷爷、奶奶。设在村委大院门口的善行义举"四德"榜上，好媳妇周长梅的"事迹"记述得清清楚楚。周长梅说："今年春节俺们村串门不攀比谁家赚的钱多，都在议论今年孝德榜上给老人赡养费哪家多、哪家少，谁经常在家陪父母遛弯儿。"

第十二章
孝悌礼乐　要道宽阔

《孝经·广要道章》

子曰："教民亲爱，莫善于孝。教民礼顺，莫善于悌。移风易俗，莫善于乐。安上治民，莫善于礼。礼者，敬而已矣。故敬其父，则子悦；敬其兄，则弟悦；敬其君，则臣悦；敬一人，而千万人悦。所敬者寡，而悦者众。此之谓要道矣。"

孔子说："教育人民相亲相爱，再没有比孝道更好的了；教育人民讲礼貌，求和顺，再没有比悌道更好的了；要改变旧习俗，树立新风尚，再没有比音乐更好的了；使君主安心，让民众安居乐业，再没有比礼教更好的了。所谓礼教，归根结底就是一个'敬'字。因此，尊敬他的父亲，儿子就会高兴；尊敬他的兄长，弟弟就会高兴；尊敬他的君王，臣子就会高兴。尊敬一个人，而千千万万个人感到高兴。所尊敬的虽然只是少数人，而感到高兴的却是许许多多的人。这就是把孝道称为最重要的人伦大道的理由啊。"

一、孝悌让人相亲相爱

孔子在《孝经·开宗明义章》里谈到先王的至德要道，这一章就展开作进一步的阐发，阐述孝悌之道是至关重要的大道。《孔传》说："孝行著而爱人之心存焉，故欲民之相亲爱，则无善于先教之以孝也。"

正义曰：此夫子述广要之义。言君欲教民亲於君而爱之者，莫善於身自行孝也。君能行孝，则民效之，皆亲爱其君。欲教民礼於长而顺之者，莫善於身自行悌也。人君行悌，则人效之，皆以礼顺从其长也。（《孝经注疏》唐玄宗御注　邢昺疏）

邢昺注疏　这一章孔子进一步阐述推广拓宽"要道"的内涵和意义。言君主想要教化民众亲近、喜爱自己，没有比君主自身孝敬父母更好的办法了。君主能孝敬自己的父母，民众就会效法君主，也孝敬自己的父母，并移孝作忠，亲近喜爱君主。君主想要教化民众恭敬顺从长者和上司，没有比君主自身恭敬顺从兄长更好的办法了。君主能够带头恭敬顺从自己的兄长，民众就会效法君主，都恭敬顺从自己的兄长，并移兄作长，恭敬顺从自己的上司。

父母与子女，有着天然的骨肉亲情。父母对儿女的爱，可谓情深似海，无微不至。用民间的话说，叫做含在嘴里怕化了，捧在手上怕摔了。儿女在父母的怀中，一天天长大，对父母的依恋和深爱，刻骨铭心，终身难忘。儿女长大后，父母一天天变老，儿女想到父母的恩情，就会感恩报恩，孝敬父母，做出这种天经地义的回馈与报答。圣人和圣明的君王体察民情，细致入微地察觉到民众这种淳朴自然、善良美好的人间真情，顺势而为，以孝设教，并身体力行，做出表率，使这种"至德要道"发扬光大，"老吾老以及人之老，幼吾幼以及人之幼"，让人们相亲相爱，让爱充满人间。

二、"礼""乐"构建和谐社会

乐者，圣人之所乐也，而可以善民心。其感人深，其风移俗易，故先王著其教焉。（《史记·乐书》）

"乐"教是圣人非常推崇的一种教化方式，它可以促使人心向善。它能深入的感化人们的心灵，能自然的移风易俗，所以先王十分重视用"乐"来教化民众。那么，"乐"与"礼"又是什么关系呢？

《史记·乐书》记载：音乐的性能在于和同，礼仪的性能在于差异。和同使人互相亲爱，差异使人互相尊敬。然而过分强调"乐"，则容易使人流连忘返；过分讲究"礼"，则使人产生隔阂离心离德。所以，"礼"与"乐"，目的在于保持人们正当的感情，并以这种感情表现于仪表。礼义立，自然会显出贤能者贵，不贤而无能者贱的差别；有了相同的音乐，自然就会促使上下感情的交流；有了明白的好恶标准，自然会显出何谓贤者？何谓不肖者了。惩治强暴，必须用刑罚，奖赏推举贤能，给他进官加爵，赏罚分明，公正公平，政治就会风清气正。以仁心爱人，以礼义来纠正过失，这样天下就会大治。

《史记·乐书》记载：君子说："礼"和"乐"每时每刻都不能离开自己。研习"乐"以陶冶心灵，平易、正直、慈爱、善良的心就会蓬蓬勃勃地产生。平易、正直、慈爱、善良之心产生之后，必然会觉得很乐观。感到乐观就会心神安宁，心神安宁生命就会长久，生命长久则会习惯成自然，被人像相信天那样深信不疑，像敬畏神那样敬畏有加。天不说话而四时运行从不失信；神不发怒而人人敬畏它的威严。研习"乐"是为了陶冶心灵；研习"礼"是为了端正仪态，仪态端正就能表现庄重恭敬，庄重恭敬又会使人感到威严。内心只要有片刻的不和顺、不欢乐的情绪，鄙野而虚伪的念头就会渗透进来；仪态有片刻的不庄重、不恭敬，轻易怠慢之心就会乘机而入。所以说，"乐"属于内心的活动；"礼"属于外表的呈现。"乐"的最高境界是平和，"礼"的最高境界是恭顺。一个人能做到内心平和而外表恭顺，人们仅仅望见他的表情就不敢与他相争了，只看见他的风度就不敢有轻视侮慢的念头了。由此可见，仁德光辉发作于内，则人们不敢不听从他的号令，言谈举止展现于外，人们也不敢不服从他的领导。所以说：深入了解"礼""乐"的意义，再把它运用起来，治理天下就是轻而易举的事情了。

音乐感动在人的内心；礼仪感动在人的外表。所以礼仪注重谦逊退让，音乐注重抒发性情。礼仪谦让而鼓励进取，用鼓励进取来达到尽善尽美；音乐抒发性情需要节制，用节制以止于至善。礼仪谦让若不鼓励进取，就会逐渐消失；音乐抒发性情若不节制，就会放纵淫乱。因此，礼仪鼓励进取而音乐强化节制。礼仪得到鼓励则使人乐于服从，音乐得到抑制则使人气定神闲。因此，礼仪的进取，音乐的节制，它们的意义是相同的。

所谓"乐"只是欢乐的意思。欢乐是人之恒情所不能避免的。人有所乐必然发于声音，由舞蹈形象表现出来，形成"乐"与"舞"，这也是为人之道。声音、形象以及所反映的性情变化，都在这里表现出来了。所以人不能没有欢乐，欢乐又不能不通过声音和形象表现出来，有声音、形象而不合礼仪，就不能不发生混乱。先王担心这种混乱状况，因此制作《雅》《颂》的声乐来匡正人心；要求声音足以使人欢乐而不放任，要求文辞足以使人感到清晰而不散失，要求其曲调的曲与直、繁与省、清脆与圆润、急促与缓慢，足以激动人的善心，不使放荡的念头、邪恶的想象接引人心。那便是先王制乐的原则。因此，在宗庙奏乐，君臣同听，没有不融洽而恭敬的；在家族乡里演奏，长幼一道来听，没有不融合恭顺的；在家门之内演奏，父子兄弟同听，会感情融洽相亲相爱。因此，作"乐"要先审察律数，以定调和之音，众乐器跟着和声，使节奏合成为乐章，再配合节拍而形成歌舞。这是为了促进父子、君臣的关系，从而使天下百姓归于一体亲如一家。这才是圣明的君王制礼作"乐"的宗旨。因此，听到《雅》《颂》的声音，人们就感到心胸宽广；手执盾牌、大斧一类的舞具，练习俯仰屈伸的姿态，会使人的仪态变得庄重。按照舞蹈行列的位置，熟悉了音乐的节奏，就会使大家进退一致，舞蹈整齐。因此，音乐的道理和天地间的道理相同，是最具亲和力、抒发感情很好的方式，是人情必须珍视的。

回到我们当今的现实之中，"礼""乐"的作用也是巨大的。一唱起《中华人民共和国国歌》，中华儿女就会热血沸腾；年年的"春节联欢晚会"，让全世界的华人共祝福，同欢乐；一年一度的"清明节"，同时让所有炎黄子孙，慎终追远，缅怀祖先。中华民族同根、同文，骨肉相连，血脉相亲，自然能够构建起我们和谐的中华大家庭。

三、敬长、敬老，拓展人伦大道

孔子在《孝经》这一章的后半段说：所谓"礼"，归根结底就是一个"敬"字。所以，尊敬他的父亲，儿子就会高兴；尊敬他的兄长，弟弟就会高兴；尊敬他的君王，臣子就会高兴。尊敬一个人，而千千万万的人感到高兴。所尊敬的虽然只是少数人，而感到高兴的却是许许多多的人。这就是把孝道称为最重要的人伦大道的理由。

王者父事三老，兄事五更者何？欲陈孝悌之德，以示天下也。故虽天子，必有尊也，言有父也；必有先也，言有兄也。天子临辟雍，亲袒割牲。尊三老，父象也。谒忠奉几杖，授安车濡轮，恭绥执授。兄事五更，宠接礼交加客谦敬，顺貌也。《礼记·祭义》曰:"祀于明堂,所以教诸侯之孝也。享三老、五更于太学者,所以教诸侯悌也。"不正言父、兄,言老、更者何,老者寿考也,欲言所令者多也。更者更也,所更历者众也。即如是,不但言老言三何?欲言其明于天地人之道而老也,五更者,欲言其明于五行之道而更事也。三老、五更几人乎?曰:各一人。何以知之?既以父事,父一而已,不宜有三。(《白虎通义·乡射》)

古代君王为何要像侍奉父亲一样,侍奉被尊为"三老"的德高望重的长者;像恭敬兄长那样,恭敬被尊为"五更"的为人师表的仁兄?是要把孝敬父母、尊敬兄长的美德垂范于天下民众。所以说,虽然贵为天子,也必然有他所尊敬的人,这就是指他有父亲;也必然有先他出生的人,这就是指他有兄长。天子亲临太学,袒着上身分割牛羊,尊敬"三老"如父亲一般,竭尽真诚地为"三老"奉上坐凳和手杖,赐乘用芳香的蒲叶包裹着车轮的马车,以免车子颠簸,并恭敬地授予乘车时用作抓手的绳索,使"三老"可以安然地坐在马车里。天子像尊敬兄长那样尊敬"五更",恩宠地接待,谦恭地以礼相交,表现出和顺的样貌。《礼记·祭义》说:"天子在明堂里祭祀祖先,是以身示范,教诸侯行孝敬父母的'孝道';天子恭敬地在太学里招待'三老''五更',是现身说法,教诸侯行尊敬兄长的'悌道'。"为何不直接说父亲、兄长,而说"三老""五更"?老者属长寿之人,天子要让孝行惠及天下许许多多的老人;更者为轮流更替,更替的人众多。既然是这样,为何不仅言老,而且言三?是用"三老"比喻为天、地、人三才之道，而直到天荒地老；"五更"比喻为金、木、水、火、土五行之道，而不断循环更替。"三老""五更"究竟是几个人？也就是各一人而已。这是什么道理呢？既然像侍奉父亲那样，父亲只有一人，不应该有许多人。

爱老、敬老是中华民族几千年来薪火相传的优良传统，许多朝代对赡养和尊敬老人都作了具体而详细的规定。在夏朝，殴打辱骂老人，遗弃老人，老人吃不饱穿不暖，不照料生病的老人，都属于不孝，不孝敬老人要处以重罪，根据犯罪的轻重，要分别被处以墨刑（在脸上刺字）、劓刑（割鼻子）、剕刑（砍脚）、大辟（死刑）等。

周朝的"乡饮酒礼"每年举行一次，其目的是"正齿位、序人伦、敬老重贤、息事端、敦睦乡里"。所谓"正齿位"：汉代经学家郑玄注："正齿位者，《乡饮酒义》所谓'六十者坐，五十者立侍。六十者三豆，七十者四豆，八十者五豆，九十者六豆'是也。"就是尊重长者，分别年龄不同享受不同的养老待遇。

春秋战国是一个战乱的时期，虽然诸侯纷争，征战不断，但各诸侯国在相对安宁的时候，还不忘对老者制定一些特别关爱的政策。当时规定：家中有 90 岁以上老人，免除全部赋税徭役；家中有 80 岁以上老人，免除两个儿子的赋税徭役；家中有 70 岁以上老人，免除一个儿子的赋税徭役。当时秦国《秦律》规定：凡是虐待 60 岁以上的爷爷奶奶、父亲母亲的不孝子孙，犯罪情节较轻的流放到荒漠边疆，犯罪严重的一律处死。

先秦时期"国家养老"的雏形就已经出现，有四类老人可以享受国家养老待遇：第一类是"三老""五更"，他们相当于我们今天的道德楷模；第二类是"家中之老"，相当于现在的烈士家属；第三类是"致仕之老"，相当于现在的离休老干部；第四类是"庶人之老"，相当于现在的五保户。

汉代在历史上被公认为"以孝治天下"的典范，朝廷颁布了法令，使孝养老人制度化，敬老、爱老蔚然成风。汉代养老的一大亮点，就是皇上赐予老人"鸠杖"。"鸠杖"，又叫"王杖"，是一种特殊权力的象征。从史料和考古发掘来看，汉高祖刘邦曾制作"鸠杖"，赠送给德高望重的老人，开了汉代赐杖的先河。相传楚汉相争时，有一次刘邦兵败，项羽率兵穷追不舍，刘邦躲藏在一片树丛中，在万分紧急的情况下，一只斑鸠落在树上不停地鸣叫。项羽看到斑鸠引颈鸣叫，以为树丛里没人，就没进去搜查，刘邦遂趁机逃脱。刘邦认为是这只斑鸠鸟让他化险为夷，他当皇帝后，制作"鸠杖"，赐予老人享受特权。

汉宣帝刘询规定：凡80岁以上的老人，由朝廷授以"鸠杖"，建立了"高年受王杖"的制度。东汉继承了西汉的做法：

仲秋之月，县道皆案户比民。年始七十者，授之以玉杖，铺之以糜粥。八十九十，礼有加赐。玉杖长九尺，端以鸠鸟为饰。（《后汉书·仪礼志》）

汉代仪礼志记载，每年秋天的第二个月，朝廷派官员进入老百姓家中逐户调查，对70岁以上的古稀老人授予玉杖，并给老人配送粥饭。对八九十岁的耄耋（mào dié）老人，在九尺玉杖的顶端加一个斑鸠的装饰，即为"鸠杖"。

从史书记载来看，汉代的养老敬老制度非常务实："五十养于乡，六十养于国，七十养于学，达于诸侯。"汉成帝刘骜在位时，规定"年七十以上杖王杖，比六百石，入官府不趋"，意思是说，70 岁以上被授予"鸠杖"的老人，可享受年俸 600 石官员同等的待遇，政府定期赐予粮食、酒肉、帛絮，免除劳役赋税，并享有"入宫廷不趋"等特权。如果年龄超过 80 岁，每月赐米 1 石、酒 5 斗、肉 20 斤；如果年龄超过 90 岁，每月加赐帛 2 匹。在汉代，酒是国家专卖品，为了照顾孤寡老人，政府允许他们卖酒，并免缴租税。

值得一提的是，汉代老人还有走天子走车马的驰道的特权，名曰"行驰道旁道"。由此可见，汉代老人能享受何等殊荣。（摘自邯郸人社《凭"老年证"领酒肉！汉代老人的地位你绝想不到》）

北魏时期，为确保老人有子孙养老送终，首创了"存留养亲"制度，这个制度主要解决罪犯直系亲属无人赡养时，只要罪犯不是犯有十恶不赦的罪行，官府经过一定的程序，批准罪犯先留下来照顾老人，伺候到老人去世后再去服刑。此制度一直沿袭到清朝。

南北朝时期，我国专门收留赡养孤寡老人的养老院就已经出现。梁武帝萧衍曾于普通二年（521），在都城建康（今江苏省南京市）创办了"孤独园"，成为中国最早的官办养老院。

唐代许多皇帝都非常重视孝道，颁布了多项敬老孝亲的制度。据《册府元龟》统计，唐朝各位皇帝下发过 73 次有关养老的诏令，其中唐太宗在位 23 年，下"养老诏"28 次。唐朝还曾有过官府免费给民间老人安排护工（侍丁）的规定，称为"补给侍丁"制度。开元七年（719）户令规定："凡庶人年八十及笃疾，给侍丁一人，九十给二人，百岁三人。"定期发给80岁以上老人一定数量的粮食、布帛。还规定，每年腊月由官府出资，为乡里的老人举办酒宴，行饮酒礼，"使人知尊老养老之礼"。唐肃宗时建立了专门照顾无人赡养老人的"普救病坊"。在武则天时代，开设了"悲田养病院"，主要收养贫困、疾病、孤贫、残疾的老人。

宋朝经济繁荣，人们生活水平达到了一个新的高度，出现了像《清明上河图》展现的太平景象。因此，"养老院"这种养老方式也流行了起来。"福田院""居养院"等养老机构在北宋初年即开设起来，南宋时改名"养济院"。50岁以上的老人就可以进入"养济院"。

元朝延续了宋代的养老制度，元世祖忽必烈采纳汉臣刘秉忠的建议，在各路均设一所"养济院"，逐步建立和完善了元朝的收养救助制度，"诸鳏寡孤独、老弱病残、穷而无告者"，均可得到收养救助。

明朝继续发展官办、民办等各种形式的社会养老机构，养老院仍称为"养济院"。明太祖朱元璋还恢复了汉朝的"赐杖""赐爵"制度，曾先后两次颁发诏令，进一步完善孤贫老人终身养老制度。

清代康熙、乾隆两位皇帝励精图治，开创了"康乾盛世"，凭借着国家雄厚的财力和安定的社会环境，先后多次诚邀上千位老人，举行规模宏大的"千叟宴"，成为太平盛世的一段佳话。

《诗经·大雅·既醉》云："孝子不匮，永锡尔类。"即：孝子孝心无穷无尽，神灵赐你族类福分。

古代这些敬长、敬老的优良传统，特别值得我们这个已经步入老龄化的当今社会充分发扬光大。

第十三章
恺悌君子　仁德治国

《孝经·广至德章》

子曰："君子之教以孝也，非家至而日见之也。教以孝，所以敬天下之为人父者也。教以悌，所以敬天下之为人兄者也。教以臣，所以敬天下之为人君者也。《诗》云：'恺悌君子，民之父母。'非至德，其孰能顺民如此其大者乎！"

孔子说："君子以孝道教化民众，并不是要挨家挨户、天天当面去教人行孝。君子身体力行教民行孝道，是让天下做父亲的都能受到尊敬；君子身体力行教民行悌道，是让天下做兄长的都能受到尊敬；君子身体力行教民行臣道，是让天下做君王的都能受到尊敬。《诗经·大雅·泂酌》里说：'和乐平易的君子，万民把他当父母。'如果没有这样无比高尚的品德，怎么能够让天下百姓和顺到如此程度，创造出这样的丰功伟绩啊！

一、在天曰"道"，在人称"德"

《孝经》接着上一章"广要道"，这一章讲"广至德"。有一种玄妙的力量，在天曰"道"，在人称"德"；"道"是"德"的本源，"德"是"道"的发扬。

子曰："夫道者，所以明德也。德者，所以尊道也。是以非德道不尊，非道德不明。虽有国之良马，不以其道服乘之，不可以取道里。虽有博地众民，不以其道治之，不可以致霸王。是故，昔者明王内修七教，外行三至。七教修，然后可以守；三至行，然后可以征。明王之道，其守也，则必折冲千里之外；其征也，则必还师衽席之上。故曰内修七教而上不劳，外行三至而财不费。此之谓明王之道也。"（《孔子家语·王言解》）

孔子对弟子曾参谈古代明王的治国之道时说："道义，是用来彰显明鉴君子德行的。德行，是用来尊重推崇君子道义的。因此没有德行，君子的道义不能被尊重推崇；没有道义，君子的德行也不能被彰显明鉴。一个诸侯国即便有最好的骏马，如果不能用正确的方法加以驯服和驾驭，它就不可能千里奔驰在大道上；一个诸侯国即便土地广阔，人口众多，如果没有明王为政以德，也不可能成就众星拱月的王霸大业。所以，古代像唐尧虞舜、文武周公那样圣明的君王，内用'七教'，外施'三至'。'七教'

做好了，就可以保国家安稳；'三至'的目标实现了，就可以对外征战。唐尧虞舜、文武周公的治国之道，如果保家卫国，一定能击败强敌；如果对外征战，也一定能凯旋而归。所以说，用'七教'治理国家，就会事半功倍；用'三至'开展外交，就会近悦远来。这就是唐尧虞舜、文武周公的治国之道。"

曾子曰："敢问何谓七教？"

孔子曰："上敬老则下益孝，上尊齿则下益悌，上乐施则下益宽，上亲贤则下择友，上好德则下不隐，上恶贪则下耻争，上廉让则下耻节，此之谓七教。七教者，治民之本也。政教定，则本正也。凡上者，民之表也，表正则何物不正？是故，人君先立仁于己，然后大夫忠而士信，民敦俗璞，男悫（què）而女贞。六者，教之致也，布诸天下四方而不怨，纳诸寻常之室而不塞。等之以礼，立之以义，行之以顺，则民之弃恶如汤之灌雪焉。"（《孔子家语·王言解》）

曾参说："敢问什么是七教呢？"

孔子回答说："居上位的人尊敬老人，那么下层百姓会更加力行孝道；居上位的人尊敬比自己年长的人，百姓会更加敬爱兄长；居上位的人乐善好施，百姓会更加宽厚；居上位的人亲近贤人，百姓就会择良友而交；居上位的人注重道德修养，百姓就不会隐瞒自己的观点；居上位的人憎恶贪婪的行为，百姓就会以争利为耻；居上位的人讲廉洁谦让，百姓就会以不讲气节操守为耻。这就是所说的 7 种教化。这七教，是治理民众的根本。政治教化的原则确定了，那治理民众的根本就摆正了。凡是身居上位的人，都应该是百姓的表率，表率正还有什么不正的呢？因此君王首先能做到仁，然后大夫也就会做到忠于君王，而士子也就能做到讲信义，民心敦厚，民风淳朴，男人诚实谨慎，女子忠贞不二。这6个方面，是教化的极致。这样的教化，广布天下四方而不会产生怨恨情绪，用在普通家庭而不会遭到拒绝。用礼来规范人们的行为，以道义立身处世，以和顺行事，那么百姓弃恶从善，就如同用热水融化积雪那样容易了。"

曾子曰："敢问何谓三至？"

孔子曰："至礼不让，而天下治；至赏不费，而天下士悦；至乐无声，而天下民和。明王笃行三至，故天下之君可得而知，天下之士可得而臣，天下之民可得而用。"

曾子曰："敢问此义何谓？"

孔子曰："古者明王必尽知天下良士之名，既知其名，又知其实，又知其数及其所在焉，然后因天下之爵以尊之，此之谓至礼不让而天下治。因天下之禄以富天下之士，此之谓至赏不费而天下之士悦。如此，则天下之民名誉兴焉，此之谓至乐无声而天下之民和。故曰：'所谓天下之至仁者，能合天下之至亲也。所谓天下之至知者，能用天下之至和者也。所谓天下之至明者，能举天下之至贤者也。'此三者咸通，然后可以征。是故仁者莫大乎爱人，智者莫大乎知贤，贤政者莫大乎官能。有土之君修此三者，则四海之内供命而已矣。夫明王之所征，必道之所废者也。是故诛其君而改其政，吊其民而不夺其财。故明王之政，犹时雨

之降，降至则民悦矣。是故行施弥博，得亲弥众，此之谓还师衽席之上。"（《孔子家语·王言解》）

曾参说："敢问什么是三至呢？"

孔子回答说："最高尚的礼，是无需谦让而天下大治；最好的奖赏，是不耗费财物而天下的士人都无比喜悦；最美妙的音乐，是'大音希声'，却能使天下万民感到美满而和睦相处。圣明的君王努力做到这三种极致，就可以知道谁是能治理好天下的君王，天下的士人都可以成为他的臣子，天下的百姓都能为他所用。"

曾参说："敢问这是什么意思呢？"

孔子回答说："古代圣明的君王，必定知道天下贤良士人的名字，不仅知道他们的名字，而且知道他们的实际才能，还知道他们的人数，以及他们所住的地方，然后把天下的爵位封给他们，使他们受到尊敬，这就是最高尚的礼，无需谦让而天下大治；用天下的禄位使天下的士人得到富贵，这就是最高的奖赏，不耗费财物而天下的士人都会无比喜悦。如此，天下的人就会重视名声和荣誉，这就是最美妙的音乐'大音希声'，却能使天下万民感到美满而和睦相处。所以说，天下最仁爱的人，能融和天下人亲如一家；天下最智慧的人，能任用使天下万民感到美满而和睦相处的人；天下最英明的人，能举荐天下最贤良的人。这三方面都做到了，然后可以向外征伐。因此，仁爱者莫过于爱护人民，智慧者莫过于慧眼识贤才，善于执政的君王，莫过于选贤任能。拥有疆土的君王能做到这三个方面，那么天下的人，都可以与他同呼吸共命运。圣明君王征伐的国家，必定是礼法废弛的国家。所以要惩治他们的君王，来改变这个国家的政治面貌，抚慰这个国家的百姓，而不掠夺他们的财物。因此，圣明君王的政治就像及时雨，雨降下百姓就欢愉，他的教化施行的范围越广博，得到亲附的民众就越多。这就是军队出征能得胜还朝的原因。"

从以上孔子讲的"七教""三至"可以看出，孝道作为无比高尚的"至德"，君子身体力行大力弘扬，就能够和顺天下，造福人民。

孝弟发诸朝廷，行乎道路，至乎州巷，放乎搜狩，修乎军旅，众以义死之，而弗敢犯也。（《礼记·祭义》）

孝悌之道，发端于圣人在朝廷以孝立教，通过官府和民间各种渠道广为弘扬，被社会民众高度认同，并且在田猎和行军打仗中，大家都能身体力行，抱着宁可为道义而战死的信念，没有敌人再敢来犯。孝悌之道为何有这么大的威力？孔子在《论语·颜渊》中说："君子之德风，人小之德草，草上之风，必偃。"意思是说：君子的品德好比风，普通民众的品德好比草，风吹到草上，草就必定跟着倒向风吹的方向。充分显示出君子以身示范的教化，可以让孝悌这种"至德"传播得更广、更远，产生更深刻的历史影响。

二、恺悌君子，民之父母

接下来，我们重点谈谈孔子引用《诗经》这两句诗的深刻内涵。

诗曰："恺悌君子，民之父母。"君子为民父母何如？曰："君子者，貌恭而行肆，身俭而施博，故不肖者不能逮也。殚尽于己，而区略于人，故可尽身而事也。笃爱而不夺，厚施而不伐；见人有善，欣然乐之；见人不善，惕然掩之；有其过而兼包之；授衣以最，授食以多；法下易由，事寡易为；是以中立而为人父母也。筑城而居之，别田而养之，立学以教之，使人知亲尊，亲尊故为父服斩缞（cuī）三年，为君亦服斩缞三年，为民父母之谓也。"（《韩诗外传·卷六》）

《诗经·大雅·泂酌》说："和乐平易的君子，万民把他当父母。"君子怎样才能成为万民的父母呢？回答说："君子的样貌要谦恭，行为要正直，自身要节俭，恩惠布施要广博，所以德行不好的人没法和他相比。把自己的财物完全布施尽，还爱护民众，因此民众竭尽身心地侍奉他。深切地爱护民众，不掠夺他们的财富；丰厚的施与民众，却不夸耀自己的恩泽；看到人们有善良的行为，从内心感到高兴；看到别人的不良行为，小心地替人掩饰；别人有了过失，多多包容；把自己最好的衣服送给别人，给人的食物非常丰厚；实行的法令简单明了而容易遵从；政事不多而容易完成。因此，他能行中庸之道而做民之父母。建筑都城给百姓居住，分配田地给百姓维持生计，设立学校教化百姓。使百姓知道尊敬父母双亲和尊长，父母去世就会戴着重孝，并守孝三年。国君离世百姓也会为他戴重孝，守孝三年。能得到百姓这样的爱戴，就可以称为民之父母了。"

圣人者，民之父母也。母能生之，能养之；父能教之，能诲之。圣人曲备之者也；能生之，能食（sì）之，能教之，能诲之也。为之城郭以居之，为之宫室以处之，为之庠序之学以教诲之，为之列地制亩以饮食之。故《书》曰"天子作民父母，以为天下王"，此之谓也。（《尚书大传》）

作为圣人，或者谦卑地自称为君子，为民众考虑的十分周到，上文用"曲备"来形容，"曲备"用现在的话说就是完备。民众成长教育，安居乐业都考虑到了。对此，孔子作了更深刻的归纳。

子言之："君子之所谓仁者其难乎！《诗》云：'恺弟君子，民之父母。'恺以强教之；弟以说安之。乐而毋荒，有礼而亲，威庄而安，孝慈而敬。使民有父之尊，有母之亲。如此而后可以为民父母矣，非至德其孰能如此乎？"（《礼记·表记》）

孔子说："君子的所谓'仁'做起来是相当难的啊！《诗经·大雅·泂酌》有云：'快乐平易的君子，万民把他当父母。'君子教人快乐的生活，就会使人刚强有为；君子使人生活平易安稳，人民就会满心欢喜。君子让人民不荒废事业并获得快乐，彬彬有礼而相亲相爱，威严庄重而生活安稳，父慈子孝而兄友弟恭。尊敬君子犹如尊敬自己的父亲，亲近君子就像亲近自己的母亲，做到了这些，民众才可以把君子当作自己的父母。如果不具备至高无上的德行，怎么能做到这种程度呢？"

中国古代称颂贤明的君王或官员"爱民如子"，以民心为己心。如《大学》中所形容的那样，"民之所好好之，民之所恶恶之，此之谓民之父母。"这是对君王或官员极高的要求，也反映出圣贤与民众之间那种亲密而融洽的关系，特别值得我们今天各级官员好好学习。

三、共产党人，人民的儿子

中国共产党把全心全意为人民服务作为自己的宗旨，从来没有自己党团的私利。中国改革开放的总设计师邓小平同志，在为《邓小平文集》写的"序言"里，满含深情地写道："我是中国人民的儿子，我深情地爱着我的祖国和人民。"共产党人在人民面前，把姿态放得很低，表现得十分谦卑。在中华人民共和国的历史上，涌现出许许多多堪称"人民的好儿女"的各级领导干部：如"县委书记的榜样——焦裕禄""领导干部的楷模——孔繁森""永远活在人民心中的县委书记——谷文昌""把自己的人生追求和价值目标融入为祖国富强、民族振兴、人民幸福的奋斗之中的地委书记——杨善洲"，等等。下面我重点介绍：廖俊波——新时代"全国优秀县委书记"。

廖俊波出生于福建浦城，曾任福建省政和县县委书记，武夷新区党工委书记，福建省南平市委常委、副市长。2015年6月被中组部授予"全国优秀县委书记"称号。2017 年 3 月 18 日，廖俊波同志在赶往武夷新区途中不幸发生车祸，因公殉职。先后被中宣部追授"时代楷模"、被党中央追授"全国优秀共产党员"光荣称号，获得第六届全国道德模范敬业奉献类奖项，被评为 2017 年度感动中国人物。

廖俊波在政和县任县委书记的几年中，全县贫困人口减少了 3 万多人，脱贫率达 69.1%。对群众最关切的教育、医疗、基础设施建设等方面都交出了一份出色答卷。短短 4 年，政和县山乡巨变，财政总收入、GDP、固定资产投资、规模以上工业产值等都实现了极大的增长。

最令人感动的是，政和县的许多农民称廖俊波为"肝胆"。福建人对最知心、最可敬的朋友，才尊称为"肝胆"。廖俊波有很多"肝胆"，农民企业家刁桂华就是最有代表性的一个。刁桂华创业办厂本来走得顺风顺水，几年前拍下了新厂房土地后，突然遭人暗算，她被公安部门拘押，企业陷入绝境。土地出让金光滞纳金就累积到上百万元。她到处上访、哭诉，求告无门。有人悄悄指点她，等廖副市长接访那天你再来。刁桂华抱着期待的心情见到了廖俊波。廖俊波见她的情况复杂，请她留下书面材料和联系电话，再安排时间专门详细谈。一周后，廖俊波专门接待了刁桂华，表态一定把她的情况调查清楚，尽快解决。廖俊波协调有关部门，查清了刁桂华的冤屈，免除了她的土地滞纳金，新厂也开工建设，生产步入了正常轨道。很快产品卖到了南非、东南亚，年销售额 3 亿多元。廖俊波也赢得了政和县甚至南平市广大人民群众的口碑。

第十四章
忠臣孝子名扬千古

《孝经·广扬名章》

子曰："君子之事亲孝，故忠可移于君；事兄悌，故顺可移于长；居家理，故治可移于官。是以行成于内，而名立于后世矣。"

孔子说："君子侍奉父母能尽孝道，因此能够将对父母的孝心，移作侍奉君王的忠心；侍奉兄长能尽悌道，因此能够将对兄长的恭顺，移作侍奉长上的尊敬；管理家政有条有理，因此能够把理家的经验移于做官，用于治理国家。所以，在家中养成了良好的品行，在外也必然会有美好的名声，美好的名声将流芳百世。"

一、志士仁人，青史留名

《孝经·开宗明义章》已讲道："立身行道，扬名于后世，以显父母，孝之终也。"孔子将此作为"孝"的终极目标，可见它的重要性。这一章就展开来谈谈"扬名"。

《孝经》强调，作为孝子在这个世界上，应该"立身行道"：遵循仁义道德，有作为，有担当，建功立业，努力做到"立德""立功""立言""三不朽"，然后，名垂青史，从而使父母显赫荣耀。

《孝经》所谓的"广扬名"，高扬的是仁义之名，而不是富贵、权势之名。因此，这种"广扬名"具有很好的导向和引领作用。

子曰："富与贵是人之所欲也，不以其道得之，不处也；贫与贱是人之所恶也，不以其道得之，不去也。"（《论语·里仁》）

孔子说："富裕和显贵是人人都想得到的，但不用正当的手段得到它，我就不会去享受它；贫穷与低贱是人人都厌恶的，但不用正当的手段去解除它，我仍然会安贫乐道。"

子曰："不义而富且贵，于我如浮云。"（《论语·述而》）

孔子说："用不仁不义的手段得来的富有和显贵，对于我来说就像是天上的浮云一样。"

古代圣贤这种崇尚仁义的名利观，树立了良好的社会风尚，成就了一代又一代的仁人志士青史留名。文天祥就是其中的典型代表。南宋右丞相文天祥，抗击元兵战败被俘后，元太祖忽必烈很看重他，对他恭敬有加，亲自劝降几次，空着宰相位置等了他3年，请他就位，可文天祥不为所动。最后一次和忽必烈交谈，文天祥对忽必烈说，你这样看得起我，我很感激，也可以说你我已成知己。既然是知己，你就成全我吧。忽必烈没办法，只好答应，说那就明天吧。文天祥听到这话，马上说，谢了。临就义前，他在衣带上写下："孔曰成仁，孟曰取义。惟其义尽，所以仁至。读圣贤书，所为何事？而今而后，庶几无愧。"大家都熟悉文天祥的诗《过零丁洋》，把他那种杀身成仁、舍身取义的浩然之气表露无遗：

辛苦遭逢起一经，干戈寥落四周星。
山河破碎风飘絮，身世浮沉雨打萍。
惶恐滩头说惶恐，零丁洋里叹零丁。
人生自古谁无死，留取丹心照汗青。

试译：回想我早年由科举入仕历尽艰辛，
　　　战火中山河荒凉冷落已历四度春。
　　　国家危在旦夕恰如狂风中的柳絮，
　　　个人又哪堪言说似骤雨里的浮萍。
　　　惶恐滩的惨败让我至今依然惶恐，
　　　零丁洋身陷元虏可叹我孤苦零丁。
　　　人生自古以来有谁能够长生不死？
　　　我要留一片爱国的丹心映照汗青。

古圣先贤讲求青史留名，意义十分重大。其犹如天上的北斗，指引着华夏儿女正确的人生航向。

新时代，我们党和国家把中华民族这种优秀传统推向了一个新的高度。2018年12月18日，中共中央、国务院作出了"关于表彰改革开放杰出贡献人员的决定"，表彰了霍英东、李谷一、马云等100名改革先锋和新加坡前总理李光耀、国际奥委会前主席萨马兰奇等10位中国改革友谊奖章获得者；2019年，在中华人民共和国成立70周年之际，国家主席习近平签署主席令，授予杂交稻之父袁隆平、作家王蒙、诺贝尔医学奖获得者屠呦呦等42位中华人民共和国国家勋章和国家荣誉称号；2020年8月11日中华人民共和国主席习近平签署主席令，授予钟南山院士"共和国勋章"，授予张伯礼院士、张定宇院士、陈薇女将军"人民英雄"国家荣誉称号，隆重表彰他们在抗击新冠肺炎疫情斗争中做出的杰出贡献。党和国家对这些在各个领域里，对中华民族及各族人民做出卓越贡献的优秀人物予以表彰，让他们名垂史册，将激励着千千万万中华儿女，为中华民族伟大复兴建功立业。

二、忠臣必出于孝子之门

在中华文明史上，忠臣必出于孝子之门，已被历史反复印证。他们的赤胆忠心，日月可鉴，令人赞叹感佩。

夫国以简贤为务，贤以孝行为首。孔子曰："事亲孝，故忠可移于君。"是以求忠臣必于孝子之门。（《后汉书·韦彪传》）

接下来我就讲几个孝子孝女建功立业的故事，愉悦一下读者朋友的身心。

第一个讲讲东汉廉范的故事。

《后汉书·廉范传》记载：东汉有名的孝子廉范，字叔度。他历任武威、武都两个郡的太守，后改任蜀都太守。他的籍贯是京兆杜陵（今西安东南），祖上是战国时期赵国将军廉颇。廉褒是他的曾祖父，曾担任汉成帝、汉哀帝时期的右将军，廉丹是他的祖父，在那个篡夺西汉政权的王莽时期担任大司马庸部牧。廉褒和廉丹在西汉时期名望都很大。廉范十几岁的时候，他父亲在蜀汉地区战乱中死去，廉范和母亲孤儿寡母流落借住在西州。战乱结束之后回到故乡。当时只有 15 岁的廉范，遵从母亲的重托，带着门客到西州去接父亲的灵柩。廉范的祖父有一个老部下，名字叫张穆，当时担任蜀郡太守，为报答廉范祖父的提携之恩，准备了许多财物送给廉范，被廉范婉言谢绝。廉范和他的门客背着父亲的遗骨，一路步行，几天后走到葭萌，又从白水江乘船。就在这时不幸的事情发生了，他们所坐的船碰到礁石沉没了，船上所有的人都落入水中，廉范死死抱着父亲的遗骨，眼看就要沉到江底。其他船上的人看到后，被他的孝心所感动，一起用竹竿、绳索和铁钩子把他救了起来，经过救治算是捡了一条命。蜀郡太守张穆听说后，又安排手下骑着快马带着财物追赶廉范，廉范再次谢绝了张太守的好意。廉范又换乘别的船只，历经艰辛终于回到故乡安葬了父亲。守孝 3 年后，到京城师从博士薛汉，传道、授业、解惑。京兆、陇西二郡郡守从朋友那里听到廉范的孝亲故事后，觉得他是个可造之材，都请他去做官，他一一婉言谢绝。汉明帝永平初年，廉范受陇西太守邓融热忱邀请，在邓融手下做了功曹一职。但到任不久，发现有人告发邓融，廉范了解道邓融有可能蒙难入狱，于是未雨绸缪，准备将来救他。谎称自己患病请求辞职。邓融感到莫名其妙，表示非常遗憾。廉范辞职后来到了洛阳，改名换姓，做了廷尉府的一名狱卒。没过多久，邓融果然被押解到洛阳监狱。由于有廉范的细心关照，邓融在牢里少吃了很多苦。邓融见这个狱卒对自己非常好，看着又很面熟，奇怪他怎么长得像廉范，就问道："你长得好像从前我手下的功曹？"廉范喝斥道："你是老眼昏花了！"便不再理他。后来邓融在狱中患病，廉范更是细心照料，一直到邓融去世，廉范都没有暴露自己的身份。邓融死后，廉范亲自用车把他的灵柩运到南阳，安葬好了以后，才不留遗憾的离开。

　　廉范后来被朝廷公府征聘做官，他的老师薛汉因为楚王谋反的案子被杀，暴尸街头。薛汉的故人、门生没有一个人敢去收尸。只有廉范冒着杀头的危险去替薛汉收殓安葬。有关官员把这件事报告给皇帝，显宗皇帝听到后非常愤怒，把廉范召来，斥责道："薛汉和楚王一同密谋，惑乱天下，你是公府的官员，不和朝廷保持一致，反而替罪犯收殓，是什么道理？"廉范赶紧跪下叩头说："我愚蠢鲁莽，认为薛汉等人都已认罪被处死，忍不住师生的情谊，罪该万死。"显宗皇帝听他说的有点道理，稍微消了点气，问道："你是廉颇的后代吗？和右将军廉褒、大司马廉丹有没有亲缘关系?"廉范答道:"廉褒是我曾祖父,廉丹是我祖父。"显宗皇帝说:"难怪你胆子这么大!"因此赦免了他。廉范因此名声大噪,被推举为秀才,几个月后,任命为云中太守。这时正好赶上匈奴人南下侵犯,烽火连天。按照有关规定,匈奴入侵的人数超过5000,就可以向邻近的州郡求救。部下打算起草求救的公文,被廉范制止。廉范亲自披挂上阵,率领将士奋勇抗敌。敌人数量比我们多很多,廉范想出了一个妙招。天黑以后,他要求士兵每人头上固定一个火把,两手高举两个火把,军营中星罗棋布,火光冲天。敌人以为汉军大批的救援部队来了,吓得胆战心惊,迅速撤退。廉范率领早已吃饱喝足的将士,如同猛虎下山,杀死敌人好几百人。敌人在逃命的路上自相践踏,又踩死了1000多人。从此以后,匈奴贼寇再也不敢来犯我边关。

第二个讲讲明代民族英雄戚继光的故事。

戚继光出生于世代将门之家。父亲戚景通是一位久经沙场、屡建战功的老将军,56岁时才得子,取名继光。老将军对儿子十分钟爱,但教子极严。父母给戚继光订亲,女方家中送来一双非常昂贵的绣鞋,戚继光见了这双鞋,翻来覆去看不够。母亲说:"既然你这般喜爱,那就拿去穿吧。"他穿上了绣鞋走到父亲书房,高兴地问:"父亲,你看这双鞋漂亮吗?"父亲一见,皱起眉头,严肃地说:"我上次为修大厅的事就对你说过,不要贪图享乐,你现在又犯了。一双鞋虽小,但如果你爱慕虚荣,贪图享受之心不改,将来当了将军,不爱财、不贪污才怪呢?"戚继光红着脸,把绣鞋脱掉说:"孩儿知错,这双鞋我绝不再穿。"父亲又问:"岳飞曾说过什么话?"他回答父亲道:"文官不贪财,武官不怕死，国家就兴旺。"父亲肯定地说："对，你要终生牢记这句话。认真读书，苦练武艺，才能为国立功，干一番大事业。"

戚继光修文习武，短短几年时间，就成长为一名文武双全的青年将领。父亲这时正把一生带兵打仗的经验，整理编纂成一部兵书。有一天父亲问继光："你知道父亲为什么给你取名继光吗？"继光答道："要孩儿继承戚家美名，光耀门楣。"父亲说："继儿，我一生没有留给你多少产业，你不会怪我吧？"继光说："父亲，您写的这副对联'授产何若授业，片长薄技免饥寒；遗金不如遗经，处世做人真学问'继光早已铭记在心。父亲从小教导继光做一个品德高尚的人，教我读书习武，告诉我任何产业也没有这些东西宝贵。我只想早日看到父亲创建一支'戚家军'，像岳飞的'岳家军'那样声震华夏。"戚景通听了感到非常欣慰，庄重地对儿子说："我这部兵书已经完成了，现在我要传给你，这是我一生的心血，将来你用它报效国家吧。"继光跪下双手接过《戚氏兵法》说："孩儿一定研读这部兵法，不管将来遇到什么艰难险阻，我也不会丢弃父亲一生的心血。"

戚景通将《戚氏兵法》传授给戚继光后，没过几年，就患重病去世，终年72岁。戚继光在驻防地接到父亲逝世的噩耗，火速回家奔丧。他哭拜在父亲的坟前说："继光一定继承您的遗志，为国尽忠，赴汤蹈火，在所不辞！"

公元1555年（明嘉靖三十四年），戚继光从山东调往浙江，朝廷任命戚继光为浙江都司，负责抗击日本海盗——倭寇。6年中，他统帅"戚家军"九战九捷，名声威震天下。他曾深有感触地说："我之所以能抗倭取胜，全靠我父亲在世时的谆谆教诲啊!"

最后我们再说说忠孝两全、巾帼不让须眉的明代著名女将沈云英的故事。

沈云英是浙江杭州萧山昭东瓜沥镇长巷村人,出身武职世家。其父沈至绪,武进士出身。沈云英虽是裙钗女子,却修习习武,擅长骑马射箭,喜欢读书,强于记忆,饱读经史,对宋朝胡安国的《春秋传》颇有研究。

明朝末年,天下大乱。张献忠攻打道州城。沈云英的父亲沈至绪率兵在城外与敌军激战。他身先士卒,奋勇杀敌,很快就击退了敌军,在乘胜追击中,遭遇埋伏,不幸战死。沈云英当时只有20岁,正在军前,闻报后心中大怒,提枪飞身上马,率领数十骑杀向敌营。张献忠措手不及,大败而逃。云英乘机斩杀敌军30余人,杀入大营,抢回父亲遗体。她登高大呼:为完成父亲守城的遗志,我虽然是一个小女子,誓同全体军民保卫家乡,与贼寇决一死战!大家深受感动,群情激昂,发誓要消灭张献忠及其贼寇,夺回被贼人占领的失地。沈云英一马当先,英勇杀敌,率领全城军民,杀得贼兵四散逃命,解了道州城之围,大获全胜。得胜回城,全城军民都穿上孝服,为沈至绪将军举行了隆重的葬礼。沈云英抱着父亲的遗体,痛哭失声,悲痛欲绝。朝廷下诏任命沈云英为游击将军,继续守卫道州府,并追封沈至绪为副总兵,名垂千古。多年以后,道州府为了让人民永远记住沈云英这位女英雄,专门为她建了一座"忠孝双全"纪念祠。

有诗颂曰:

异军攻城围义兵,娥眉汗马解围城;

父仇围难两湔（jiān）雪，千古流芳忠孝名。

三、内修仁德，名扬四海

《孝经》本章讲：君子侍奉父母尽孝，移孝作忠侍奉君主；侍奉兄长恭顺，移顺作敬侍奉长上。在家里修好德行，出去做官、做事，就会惠及君主、长上，名扬后世。

有子曰："其为人也孝弟，而好犯上者，鲜矣；不好犯上，而好作乱者，未之有也。君子务本，本立而道生。孝弟也者，其为人之本与？"（《论语·学而》）

孔子的弟子有子说：一个人为人孝顺父母，尊敬兄长，而好冒犯上司的现象很少见；不好冒犯上司，而好造反作乱的人从来就没有。君子专心致力于修行根本，根本建立了，修身治国之道也就产生了。孝敬父母、尊敬兄长，就是做人的根本啊。"

君子历来讲究内外兼修，《孝经》本章讲的"行成于内，而名立于后世"，既包括在家里行孝悌之道，孝敬父母，尊敬兄长，更深层的是修养自己的身心，使自己成为一个仁厚的君子。虽贵为天子，也必须修好自己的德行。君有君道，臣有臣道，各修其道，和衷共济。

《荀子·君道》记载：荀子自问自答：请问怎样做一个既能把国家治理好，又深受民众爱戴的国君呢？正确的答案是：用道德引领，用礼法治理，一视同仁而客观公正。请问怎样做一个既能让国君满意，又能得到老百姓拥护的大臣呢？正确的答案是：遵守礼义规范，对君忠诚，勤政为民。请问怎样做一个慈爱的父亲？正确的答案是：有爱心有胸怀而知书达理。请问怎样做一个孝顺的儿子？正确的答案是：把父母放在心上而敬爱有加。请问怎样做一个好兄长？正确的答案是：关爱弟弟做他的好朋友。请问怎样做一个好弟弟？正确的答案是：恭敬顺从而没有一丝一毫的马虎。请问怎样做一个合格的丈夫？正确的答案是：努力建功立业而不轻浮放荡，夫妻亲密而又夫妇有别。请问怎样做一个贤惠的妻子？正确的答案是：丈夫以礼相待就小鸟依人的听他吩咐，丈夫蛮横无理就恐惧而警觉。这些立身处世之道，不能全部完整地做到，国家就会乱；能够全部完整地做到，国家就会安稳，这些已经反复被历史印证。

国君是什么？正确的答案是：国君是能把各式各样的人团结凝聚在一起的领袖人物。能把人团结凝聚在一起是指什么？正确的答案是：是指善于做民之父母养育人，善于体察民间疾苦治理人，善于知人善任安置人，善于了解民风民俗，用不同的服饰来装饰人。善于养育人的人，人们就把他当亲人；善于治理人的人，人们就听他的话跟他走；善于安置人的人，人们就爱戴他；善于用服饰来装饰人的人，人们就以他引以为荣。这4个方面都做到了，天下的人就会近者悦远者来，这就叫能团结凝聚人。不能养育人的人，人们就会把他当路人；不善治理人的人，人们就会跟他分道扬镳；不能安置人的人，人们就会厌恶他；不能用服饰装饰人的人，人们就会以他引以为耻。这4个方面都做的一塌糊涂，天下的人就会四散逃亡，这样的人就叫作孤家寡人独夫民贼。因此说，尊崇为君治国大道，国家就能繁荣昌盛；丧失了为君治国大道，国家就会崩溃灭亡。

《荀子·臣道》记载：大臣的分类：有投国君所好阿谀奉承的大臣，有用心莫测篡夺君权的大臣，有尽忠报国建功立业的大臣，有智慧超群通达圣明的大臣。对内他不能把民众团结在一起，对外他不能化干戈为玉帛，百姓厌恶他，诸侯怀疑他，但是他善于投机钻营，花言巧语，轻而易举就博得君主的宠幸，这属于投其所好阿谀奉承的大臣。上与国君离心离德，下在民众中沽名钓誉，道义、公理在他面前一钱不值，拉帮结派搞小团体，专干迷惑君主、谋取私利的勾当，这属于用心莫测篡夺君权的大臣。对内他能够团结一切可以团结的力量，对外他足以抵御一切来犯的强敌，民众把他当亲人，士人把他当作最值得信赖的朋友，对君主忠心耿耿，对百姓爱民如子，这属于尽忠报国建功立业的大臣。上对君主敬若神明，下对百姓关怀备至；推行政令教化，民众响应风从；应对突发事件和变故，他能在第一时间迅速处置到位；推断连接汇总类似事情的变化轨迹，来应对尚无现成解决方案的情况，他的创举总能成为后人效法的准则，这属于智慧超群通达圣明的大臣。因此，任用智慧超群通达圣明的大臣就能称王，任用尽忠报国建功立业的大臣就会使自己强大，任用用心莫测篡夺君权的大臣就会置自己于危险的境地，任用投其所好阿谀奉承的大臣就是自取灭亡。如果重用投其所好阿谀奉承的大臣，君主一定会命丧黄泉；如果重用用心莫测篡夺君权的大臣，君主一定会处于危险的境地；如果重用尽忠报国建功立业的大臣，君主一定会无限荣光；如果重用智慧超群通达圣明的大臣，君主一定会富有四海一统天下。以此标准来衡量，齐国的苏秦、楚国的州侯、秦国的张仪，统统都是投其所好阿谀奉承之徒；韩国的张去疾、赵国的奉阳君、齐国的孟尝君，全都可以划为用心莫测篡夺君权的小人。齐国的管仲、晋国的咎犯、楚国的孙叔敖，均可以称为尽忠报国建功立业的功臣；商朝的伊尹、周朝的姜太公，尊为智慧超群通达圣明的圣臣当之无愧。上述对这些大臣分类的讨论，昭示大臣贤能与不肖，导致国家安全与危险的终极结果，作为国家的君主一定要体察入微，引以为戒并慎重对待，这足以作为借鉴的准则。

古人云：以史为鉴，可以知兴衰。历史上的古圣先贤都是通过修养自己的仁德，造福社会，惠及万民，然后方能万古流芳。

第十五章
忠臣孝子　谏诤担道义

《孝经·谏诤章》

曾子曰:"若夫慈爱、恭敬、安亲、扬名,则闻命矣。敢问子从父之令,可谓孝乎?"

子曰:"是何言与!是何言与!昔者天子有争臣七人,虽无道,不失其天下;诸侯有争臣五人,虽无道,不失其国;大夫有争臣三人,虽无道,不失其家;士有争友,则身不离于令名;父有争子,则身不陷于不义。故当不义,则子不可以不争于父,臣不可以不争于君;故当不义,则争之。从父之令,又焉得为孝乎!"

曾子问:"像慈爱、恭敬、安亲、扬名这些道理,已经听过了夫子的教诲,我想再冒昧地问一下,做儿子的一味遵从父亲的命令,就可称得上是孝顺了吗?"

孔子生气地说:"这是什么话呀?这是什么话呀?从前,天子身边有7个直言敢谏的诤臣,虽然天子是个无道昏君,但他也不会失去天下；诸侯有直言敢谏的诤臣 5 人，即便他是个无道的君主，也不会失去他的诸侯国；卿大夫有 3 位直言劝谏的臣属，即使他是个无道之臣，也不会失去自己的家园；普通的士人有直言劝谏的诤友，自己的美好名声就不会丧失；父亲有敢于直言力谏的儿子，自身就不会陷于不义之中。因此，当父亲有不义之处时，儿子不可以不劝谏父亲；当君主有不义之处时，臣子不可以不直言劝谏君主。所以当遇到不义之处，必须要谏诤劝阻。无原则地一味遵从父亲的命令，又怎么称得上是尽孝了呢?"

这是孔子对"愚忠""愚孝"做出的最严肃的批评。

一、历史上对孝道的偏离

孝本来是天经地义的事情，但由于历史上许多复杂的原因，使孝道背离了圣贤们的初衷，偏离了正常的轨道。

偏离之一：忠孝不能两全

所谓的忠孝不能两全，是人为的将忠孝对立起来。最早的代表人物是商鞅、韩非子等人。

国有《礼》、有《乐》、有《诗》、有《书》、有善、有修、有孝、有弟、有廉、有辩。国有十者，上无使战，必削至亡；国无十者，上有使战，必兴至王。国以善民治奸战，必毛至削；国以奸民治善民者，必治至强。用《诗》《书》《礼》《乐》、孝、

弟、善、修治者，敌至，必削国，不至，必贫国。（《商群书·去强》）

《商君书·去强》记载：商鞅认为：国家如果崇尚《礼》《乐》《诗》、《书》，倡导人们向善向上，加强个人修养，对父母尽孝，对兄长恭顺，做官廉洁奉公，处世充满智慧这 10 个方面，国君又关心民间疾苦，爱惜民力，不愿驱使老百姓去打仗，国力必然会被削弱，最终导致国家的灭亡。国家如果抛弃上面所说的这 10 个方面的东西，君主强力驱使老百姓去为自己打仗，国家必然会兴盛，在天下称王称霸。国家实行以德治国，用仁德善良的人来治理奸诈邪恶的人，社会必然会乱，统治就会被削弱；国家采取残暴统治，用奸诈邪恶的人来治理仁德善良的人，人们必然会服服帖帖，国家就会强大。国家实行仁德治国，强调《礼》《乐》《诗》《书》教化，孝顺父母，尊敬师长，教人向上向善，加强智慧修养，敌人打过来，国家必然会被削弱；没有敌人来，国家也必然贫穷。

商鞅《商君书》中的这些观点，以否定中华文明为出发点，把民众对父母的孝敬与对国君的忠诚，完全对立起来。从君主独裁的角度，推行残暴统治，注重战争扩张，主张严刑峻法，以富国强兵为急务，以去智愚民为手段，着眼点在于统治者如何奴役臣下，而不致大权旁落；如何弱民而驱使其从事农耕与战争。视知识为寇仇，以智慧为虮虱（jǐ shī），似为提倡君主权威，其实教君主与人民为敌。商鞅在秦孝公死后，太子即位，以谋反罪追捕下狱，最后落了个五马分尸、车裂而死的悲惨下场。

《孝经·开宗明义章》已经阐述的很清楚：孝是德之本，始于事亲，中于事君，终于立身。孝道是个完整的系统，不能人为地把它割裂开来，对立起来。我们每一个人从呱呱坠地，到3岁离不开父母的怀抱，经过幼年、童年、少年，这时对父母尽孝，处于"身体发肤受之父母，不敢毁伤"的初始阶段，只要你平平安安、健健康康、快乐成长，父母就很开心，如果能做到《弟子规》要求的那样，就是一个孝敬父母的好孩子。

> 父母呼，应勿缓；父母命，行勿懒；
>
> 父母教，须敬听；父母责，须顺承。
>
> 冬则温，夏则凊，晨则省，昏则定。
>
> 出必告，反必面，居有常，业无变。

当你长大成人，成为一个有独立能力的人士，开始服务社会，为国尽忠，就进入了"立身行道，扬名于后世，以显父母"这种行孝的终极目标。俗话说，小孝事亲，大孝报国。在中华民族的历史上，有着数不胜数的忠臣孝子，除了我们前面讲过的，忠孝节义，报效国家的东汉名将廉范；牢记父训，抗击倭寇的民族英雄戚继光；忠孝双全，巾帼不让须眉的女英雄沈云英之外，还有我们家喻户晓，替父从军的花木兰；不负母命，精忠报国的抗金英雄岳飞，等等。他们都成为中华民族历史上的孝亲典范，民族脊梁。

偏离之二："愚忠""愚孝"

最典型的说法是："君叫臣死，臣不死不忠；父叫子亡，子不亡不孝。"但翻遍儒家典籍与历代儒家学者文集，找不到有哪位儒家学者说过这种话，倒是在明清时期的小说、戏曲中，充斥着这种论调。小说、戏曲又是老百姓喜闻乐见的艺术形式，所以影响很广。我们今天要正本清源，看看2500多年前，孔子是如何纠正他的弟子曾参"愚孝"错误观念的。

《孔子家语·六本》记载：有一天，曾参和父亲在自己瓜田里锄草，一不小心把一根瓜秧的根挖断了。父亲曾皙见状，火气一下子就窜了上来，举起农具把子，对着曾参的后背就是一击，打得曾参倒在地上昏死过去，过了很久才慢慢苏醒过来，挣扎着从地上爬起来，走到父亲跟前说："刚才我惹父亲大人生气，您为教我长记性而用力打我，没有累坏身体吧？"回家后，曾参想消除父亲的担心，一边弹琴一边唱歌，让父亲知道他身体没啥事情。孔子听了这件事很生气，对弟子们说："如果曾参来了，不要让他进来。"曾参觉得自己没做错什么，使人请老师指教。孔子告诉曾参："你没听说过吗？昔日瞽叟有一个儿子叫舜，舜侍奉父亲瞽叟，父亲使唤他，他总在父亲身边；父亲要杀他，却找不到他。父亲轻轻地打他，他就站在那里忍受，父亲用大棍打他，他就逃跑。因此他的父亲没有背上不义之父的罪名，而他自己也没有失去为人子的孝心。如今你曾参侍奉父亲，身体伸到那里等着父亲暴打，父亲把你往死里打，你也不躲避。如果真把你打死了，你就会陷父亲于不义，相比之下，哪个更为不孝？你不是天子之民吗？杀了天子之民，你父亲该有多大的罪过啊！"曾参茅塞顿开地说："我的罪过很大啊！"于是向老师认错道歉。曾参的"愚孝"，差一点陷父亲于不义。孔子的纠偏，为后人制定了准则。

偏离之三：二十四孝之埋儿奉母

元代郭守正将 24 位古人孝道的故事辑录成书，由王克孝绘成《二十四孝图》流传人世间，影响很大。本来弘扬孝道是件好事，但里面收录了一个"埋儿奉母"的故事，历来争议很大。

汉代隆虑（今河南林县）人郭巨，原本家道殷实。父亲死后，他把家产分作两份，给了两个弟弟，自己独取母亲供养，对母极孝。后家境逐渐贫困，妻子生一男孩，郭巨担心，养这个孩子，必然影响供养母亲，遂和妻子商议："儿子可以再有，母亲死了不能复活，不如埋掉儿子，节省些粮食供养母亲。"当他们挖坑时，在地下二尺处忽见一坛黄金，上书"天赐郭巨，官不得取，民不得夺"。夫妻得到黄金，回家孝敬母亲，并得以兼养孩子。后有诗赞曰：

郭巨思供给，埋儿愿母存。

黄金天所赐，光彩照寒门。

埋子赡亲不得法，儿幼何辜难成牙。

奉天幸得釜金下，母活子存团圆家。

这个故事虽然结局圆满，但动机很有问题，影响恶劣。孝道首先讲的是父慈子孝，做父母的要有仁爱之心，既要孝敬自己的父母，也要慈爱自己的孩子。因为孩子更弱势，孩子代表着未来，代表着希望。《埋儿奉母》表面上看是在弘扬孝道，做过了头，实际上是有违圣贤的大孝大爱，是在摧毁孝道，给那些想毁灭孝道的人提供炮弹。与圣贤的要求，南辕北辙。

孔子不仅以"仁爱"待人，也以"仁爱"的态度对待一切事物，把"仁爱"的原则扩展到自然万物之中，以此来协调人与人、人与自然的关系。

孔子曰："柴于亲丧，则难能也；启蛰不杀，则顺人道，方长不折，则恕仁也"。（《孔子家语·弟子行》）

孔子评价弟子高柴，说高柴为亲人守丧的诚心，是一般人难以做到的。高柴不杀春天冬眠蛰伏刚醒的虫、蛇，是遵从做人的道理；不折断正在生长的草木，是推己及物的宽恕和仁爱。

曾子曰："树木以时伐焉，禽兽以时杀焉。夫子曰：'断一树，杀一兽，不以其时，非孝也。'"（《礼记·祭义》）

曾子说："树木要等它长到可砍伐的时候才能砍伐，禽兽要长到该宰杀的时候才能宰杀。我的老师孔子说：'砍一棵树木，杀一只禽兽，不是在适当的时候，就是不孝。'"

这深刻地表明，孔子已经把人类的孝道，推而广至一切有生命的世间万物。

二、孝子劝谏双亲：怡吾色，柔吾声

俗话说：人非圣贤孰能无过。即便是圣贤，也是从学习和改过中逐步完善自己，最终才能成圣成贤。所以，父母出现过错，也是很正常的事情。关键是如何对待父母的过错。

《荀子·子道》记载：荀子认为：为人儿女在家中能够做到孝敬父母，在外面求学或者工作能够做到尊敬师长，这是做人比较小的德行；对上司言听计从，对下属充分尊重，这是做人的中等德行；尊崇圣贤之道而不一味盲目顺从君主，尊崇人伦大道而不一味盲目顺从父亲。这是做人的最大德行。如果按照礼义的要求立志，言语遵从法度，那么儒家的君子之道也就完备了，虽圣王虞舜再世，也不能再增加一丝一毫在这上面了。孝子之所以不尊从父母之命，主要有三种情况：从命就会给父母带来危险，不从命父母就安然无恙，孝子不从父母之命就是忠诚；从命就会让父母遭受耻辱，不从命父母就会无上荣光，孝子不从父母之命就是奉行道义；从命就会成为禽兽，不从命就显得行为端正，孝子不从父母之命就是恭敬。因此，应该尊从父母之命而没有尊从，是没有尽到孝子的道义；不应该尊从父母之命而尊从，是没有尽到孝子的忠诚。明白了尊从父母之命或不尊从父母之命的道义，而能够非常恭敬、忠诚守信、端正忠厚、小心翼翼地来力行它，这样的儿女就可以名副其实地称为大孝了。古代经典上记载："尊崇圣贤之道而不一味盲目顺从君主，尊崇人伦大道而不一味盲目顺从父亲，"此之谓也。因此，劳苦憔悴不丧失对父母应有的恭敬，大灾大难不丧失对父母应尽的道义，即使由于种种原因不顺从父母不幸被父母憎恶，仍然深爱父母，这样的孝子，不是仁人志士是难以做到的。《诗经·大雅·既醉》云："孝子的孝心无穷无尽。"此之谓也。

《礼记·内则》记载：父母有了过失，做儿女的要柔声细语、和颜悦色地劝谏。如果他们不听劝谏，儿女就应更加恭敬孝顺，等到他们高兴的时候再劝。再次劝谏也可能招致父母生气，但与其让父母因过失得罪于邻里乡亲，宁可自己犯颜苦谏。如果因此惹怒父母，招致挨打流血，那也不能生气怨恨，而是更加恭敬孝顺。

子曰："事父母几谏，见志不从，又敬不违，劳而不怨。"（《论语·里仁》）

孔子说："孝子事奉父母，如果认为父母有不对的地方，要委婉地劝谏他们。见父母不愿听从，还是要一如既往地对他们恭恭敬敬，不违背他们的意愿，替他们操劳而不怨恨。"因为生活的经历和考虑问题的角度不同，对问题的认识也就不同，也许我们的意见没有父母考虑的深远和全面，也许父母一时还转不过来弯子。总之都是一片好心，无论从与不从，都不能影响与父母的感情。

父子者，何谓也？父者，矩也，以法度教子；子者，孳孳无已也。故《孝经》曰"父有争子，则身不陷于不义"（《白虎通义·三纲六纪》）

父亲教儿子守规矩走正道，健康成长；儿子延续父亲的血脉，继承父亲的志向，并发扬光大。如果儿子发现父亲有可能偏离方向，提出善意的劝谏，也是儿子尽孝的本分。父子之间相互关爱，相互包容，和睦相处，形成共识，是比较理想的父子关系。

单居离问於曾子曰："事父母有道乎？"曾子曰："有。爱而敬。父母之行若中道，则从；若不中道，则谏；谏而不用，行之如由己。从而不谏，非孝也；谏而不从，亦非孝也。孝子之谏，达善而不敢争辨，争辨者，作乱之所由兴也。由己为无咎，则宁；由己为贤人，则乱。孝子无私乐，父母所忧忧之，父母所乐乐之。孝子唯巧变，故父母安之。"（《大戴礼记·曾子事父母》）

单居离问曾子说："侍奉父母有道吗？"曾子说："有，这就是亲爱而恭敬。父母行为如果合乎正道，就跟随他们；如果不合乎正道，就劝谏他们。劝谏的意见不被父母接受，父母的行为造成的过失，就好像是自己造成的一样。放任父母的过失而不劝谏，就是不孝；劝谏父母不接受，就跟父母闹别扭，不再听父母的话，也是不孝。孝子劝谏，是为了向父母表达善意，而不是争个输赢。强力争辩，是犯上作乱兴起的苗头。让父母听从自己的谏言，是为了避免过失，就会安宁；让父母听从自己的谏言，是为了表明自己比父母高明，那就是大逆不道了。孝子没有私自的喜乐，以父母的忧愁为忧愁，以父母的快乐为快乐。孝子能够随着父母的忧与乐而改变，所以父母就会感到安乐。"

虽然沧海桑田，时代变迁，但父母与儿女的骨肉亲情永远不会变。我们要静心聆听圣贤千古的呼唤，孝敬父母，深爱父母。

对父母的爱，我们要懂得感恩；对父母的过错，我们要善于柔声细语、和颜悦色的劝慰，与父母取长补短，和睦相处。以千千万万的和睦家庭，构建起国家的和谐社会。

三、君子担道义，谏君保至尊

中国古代圣贤秉承"天下为公"这种伟大的政治理念，虚怀若谷，君子之风盛行。天子、诸侯爱民如子，从谏如流；大臣、士子恪尽职守，尽忠直谏，君臣上下相亲，肝胆相照。

夫君子也者，其贤宜君国而德宜子民也。宜处此位者，惟仁义人，故有仁义者，谓之君子。昔荀卿有言："夫仁也者爱人，爱人，故不忍危也；义也者聚人，聚人，故不忍乱也。"是故君子夙夜箴规，蹇蹇匪懈者，忧君之危亡，哀民之乱离也。故贤人君子，推其仁义之心，爱之君犹父母也，爱居世之民犹子弟也。父母将临颠陨之患，子弟将有陷溺之祸者，岂能墨乎哉！是以仁者必有勇，而德人必有义也。（王符《潜夫论·释难第二十九》）

东汉思想家王符说："所谓君子，其才能适宜于国家，其德行适宜于民众。适合处在这种位置上的人，只能是仁义兼备的人，所以有仁义的人，就叫作君子。荀子曾经说过：'仁义之人会爱人，爱人，就不忍心让他们遭受危险；道义之人能聚集人，聚集人，就不忍心让他们遭受离乱。'所以君子早晚劝谏君主，忠诚而不懈怠，是忧虑君主的安危，爱怜民众的离乱。所以贤人君子，扩展其仁义之心，爱戴君主就像爱自己的父母一样；抚爱天下百姓，就像爱自己的儿女一样。父母将遇到跌倒伤害的危险，儿女将有沉溺淹没的灾难，难道可以沉默不管吗？因此，仁义之人必有勇，贤德之人必有义。"

为人臣下者，有谏而无讪，有亡而无疾；颂而无谄，谏而无骄；怠则张而相之，废则埽而更之；谓之社稷之役。（《礼记·少仪》）

身为朝廷的大臣，面对国君应该当面劝谏，不应该在背后讥讽；劝谏如果不被接受则走人，不生怨恨之心。称颂国君要实事求是，不要让人感到是在讨好谄媚。劝谏要发自肺腑，不要给人以傲慢之感。国君如果怠惰政务，要激励并积极协助；制度如果败坏，要去除积弊，更新改进。这才叫对江山社稷负责。

臣所以有谏君之义何？尽忠纳诚也。爱之能无劳乎？忠焉能无诲乎？……谏者何？谏，间也，因也，更也，是非相间，革更其行也。人怀五常，故有五谏：谓讽谏，顺谏，窥谏，指谏，伯谏。讽谏者，智也，患祸之萌，深睹其事，未彰而讽告，此智性也。顺谏者，仁也，出词逊顺，不逆君心，仁之性也。窥谏者，礼也，视君颜色，不悦且却，悦则复前，以礼进退，此礼之性也。指谏者，信也，指质相其事也，此信之性也。伯谏者，义也，恻隐发于中，直言国之害，励志忘生，为君不避丧身，义之性也。孔子曰："谏有五，吾从讽之谏。事君，进思尽忠，退思补过，去而不讪，谏而不露。"故《曲礼》曰："为人臣不显谏。"纤微未见于外，如诗所刺也。若过恶已著，民蒙毒螫（shì），天见灾变，事白异露，作诗以刺之，幸其觉悟也。（《白虎通义·谏诤》）

　　臣子为何有劝谏君主的义务？是为了表达对君主的忠诚。你爱他，就不能不为他操劳，你忠于他，就不能不教诲他。劝谏是什么意思？就是劝他明辨是非，改变他的错误行为。人们怀着仁、义、礼、智、信五常，所以，有 5 种劝谏方式：叫讽谏，顺谏，窥谏，指谏，伯谏。所谓讽谏体现的是智慧，在祸患尚处于萌芽之初，就深入地看出了问题，及时向君主提出劝谏，这属于智慧性质的劝谏。所谓顺谏体现的是仁爱，用谦卑的姿态，顺着君主的意思，提出劝谏，这属于仁爱性质的劝谏。所谓窥谏体现的是礼貌，看到君主不高兴就停止劝谏，等他高兴的时候再进行劝谏，根据礼节确定进退，这属于礼貌性质的劝谏。所谓指谏体现的是信实，直接指出问题的实质，提出劝谏，这属于信实性质的劝谏。所谓伯谏体现的是道义，似以春秋时"臧僖伯谏鲁隐公观鱼"而得名，劝谏者对国家安危发自内心深处的担忧，向君主直陈利害，尽忠职守，为了君主即使牺牲生命也在所不辞。这属于道义性质的劝谏。孔子说："劝谏方式有 5 种，我选择讽谏。在朝堂上，要考虑如何尽忠，回到家里，要反思自己在哪些方面还存在过错。离去就不要讥讽，劝谏不要过于直露，要尽可能地委婉一些。"《礼记·曲礼》说："作为大臣，必须维护国君的尊严，不可当众指责国君的过错。"若君主的过错还很细微，尚未显现于外，君子见微知著，乃托物暗讽于君，促使君主内省而自我约束。若君主的过恶已经很显著，民众遭受了伤害，天降灾异，异常的事态显露无遗，君子则据事直书，作诗讽刺他，希望他能觉悟。

大臣对于君主的劝谏，都是本着为国为民、尽职尽忠的愿望进行的。如果君主昏庸无道，无可救药，作为君子，那采取的方法可就大不相同了。

师旷侍于晋侯。晋侯曰："卫人出其君，不亦甚乎？"对曰："或者其君实甚。良君将赏善而刑淫，养民如子，盖之如天，容之如地。民奉其君，爱之如父母，仰之如日月，敬之如神明，畏之如雷霆，其可出乎？夫君，神之主而民之望也。若困民之主，匮神乏祀，百姓绝望，社稷无主，将安用之？弗去何为？天生民而立之君，使司牧之，勿使失性。有君而为之贰，使师保之，勿使过度。是故天子有公，诸侯有卿，卿置侧室，大夫有贰宗，士有朋友，庶人、工、商、皂、隶、牧、圉（yǔ）皆有亲昵，以相辅佐也。善则赏之，过则匡之，患则救之，失则革之。自王以下，各有父兄子弟，以补察其政。史为书，瞽为诗，工诵箴谏，大夫规诲，士传言，庶人谤，商旅于市，百工献艺。故《夏书》曰：'遒（qiú）人以木铎徇于路。官师相规，工执艺事以谏。'正月孟春，于是乎有之，谏失常也。天之爱民甚矣。岂其使一人肆于民上，以从其淫，而弃天地之性？必不然矣。"（《左传·襄公十四年》）

著名乐师师旷陪晋悼公处理公务，晋悼公说："卫国人赶走他们的国君，不也太过分了吧？"师旷回答说："也许是他们国君实在太过分了。好的国君将会奖赏善良而惩罚邪恶，抚养百姓好像自己的儿女，覆盖他们好像上天一样，容纳他们好像大地一样。百姓尊奉国君，爱戴他好像父母，敬仰他好像日月，崇敬他好像神灵，敬畏他好像雷霆，哪能赶走他呢？国君，是祭神的主持者，同时是百姓的希望。如果让百姓生计困乏，神灵得不到祭祀，百姓绝望，国家失去了依靠，哪里还用得着他？不赶走他留着还有什么用？上天降生民众，立国君，让国君管理民众，不使民众失去天性。有了国君而又为他设立辅佐，让辅佐大臣去教育保护他，不让他做过分的事。因此天子有三公，诸侯有九卿，卿设置侧室，大夫有贰宗，士有朋友，庶人、工、商、皂、隶、牧、圉（yǔ）各有他们亲近的人，用来互相帮助。善良就奖赏，过分就纠正，患难就救援，错误就改正。从天子以下各有父兄子弟，来观察补救他们的过失。太史加以记载，乐师写成诗歌，乐工诵读箴谏，大夫规劝开导，士传话，庶人指责，商人在市场上议论，各种工匠献技艺。所以《夏书》说：'宣令的官员摇着木铎在大路上巡行，官长规劝，工匠呈献技艺以作为劝谏。'正月初春，在这个时候官员就在路上摇动木铎，这是由于劝谏失去常规的缘故。上天爱护百姓无微不至，难道会让一个人在百姓头上任意妄为，以放纵他的邪恶而失去天地的本性？上天一定不会这样的。"

　　这段精彩有趣的文字，蕴涵了中华文明中的许多政治理念。如"天地之大德曰生"，天地生万民，天子代天地养民、爱民，故不可肆意妄为；"大道之行，天下为公"，天下不是一家一姓的天下，是天下人的天下，不得人心，就会被人民赶下台；圣贤政治，仁德治国，选贤任能，纳谏从善，造福社会，造福人民。这就是中华文明历久弥新、光耀千秋的秘密所在。

第十六章
孝感天地　天佑中华

《孝经·感应章》

子曰："昔者明王事父孝，故事天明；事母孝，故事地察；长幼顺，故上下治。天地明察，神明彰矣。故虽天子，必有尊也，言有父也；必有先也，言有兄也。宗庙致敬，不忘亲也；修身慎行，恐辱先也。宗庙致敬，鬼神着矣。孝悌之至，通于神明，光于四海，无所不通。《诗》云：'自西自东，自南自北，无思不服。'"

孔子说："上古圣明的君王，以父为天，以母为地。以孝道侍奉父亲，因此能够明确感知上天护佑万物的道理；以孝道侍奉母亲，因此能够明察大地孕育万物的道理；以悌道尊敬兄长，理顺长幼秩序，因此能够把上下大小的官员和民众，都治理得很好。明王效法天之光明，地之明察，神明自然就会彰显护佑人民。所以说，虽然是尊贵的天子，也必然有他所尊敬的人，那就是说他心中还有他的父亲；也必然有比他先出生的人，那就是说他心中还有他的兄长。到宗庙祭祀表达敬意，是没有忘自己的亲人；修身养性，谨慎行事，是因为恐怕因自己的过失使先人蒙受羞辱。到宗庙祭祀表达敬意，神灵就会显著彰明。孝敬父母、尊敬兄长达到极至，就可以通于神明，光照四海，没有不通达的。《诗经·大雅·文王有声》中说：'从西到东，从南到北，没有人不心悦诚服。'"

一、敬畏天地，孝敬双亲

中华民族自古以来就敬畏天地。古代在一年中的一些重要日子里，都要在郊外祭祀天地。南郊祭天，北郊祭地，感谢苍天大地护佑人间国泰民安。

周代开始祭天，冬至那一天，君王带领三公九卿等朝廷众臣，根据礼法规定，在国都南郊圜（yuán）丘举行祭天仪式，因此也叫郊祭。古人对天的崇拜具体表现在对太阳、月亮、星星的崇拜。从对这些具体天体的崇拜，逐步抽象为对天的崇拜。

古代称君王为天子，表明他是"上天"的儿子，孔子称民众为天民，"上天"派天子下来专门为天民服务。这就是古圣先贤对天的信仰。汉代大儒董仲舒提出"天人感应"论，把特定的天灾，比如特大洪水、特别干旱、地震、台风等灾异同特定的无道昏君实行的暴政相对应，"上天"通过天灾对君王进行严重警告和严厉惩罚。而"上天"惩治昏君暴政的标准是儒家的古圣先贤们根据民众的意愿制定的。董仲舒认为，"上天"选择君王是为民而不是为君，君王如果祸害民众，"上天"就会降罪。从君王的角度看，"君权神授"，确立了君王的合法性；从民众的角度看，制约皇权，儒家的国家治理精英们练出了一个"杀手锏"。董仲舒在谈论灾异时，有一句名言叫"天戒若曰"：意思是"上天"每时每刻都在告诫君王犯了什么过错，要如何改正。这就使得君王们非常敬畏"上天"，轻易不敢胡作非为。董仲舒"天人感应"论的重要意义，重点在于制约皇权。

祭地。祭地的日子规定在夏至，同样是君王带领三公九卿等朝廷众臣，到北郊举行祭地仪式。汉代称地神为地母，也叫社神。相传，社神是能够给民众带来福气的女神。早期祭祀社神要宰牛、杀羊，以此祈求神灵保佑人们在新的一年里风调雨顺，五谷丰登。

泰山独有的祭祀活动叫封禅大典，以最古朴的礼仪，表达天子对泰山的崇拜与信仰。主祭者是历代帝王，因此格外引人注目，影响极其深远。从秦始皇嬴政，到汉武帝刘彻、汉光武帝刘秀、唐高宗李治、唐玄宗李隆基、宋真宗赵恒，延续了几千年。

《孝经》本章把对天地的敬畏，一下子拉近到对父母的孝敬上来。过去那些圣明的君王，都把父亲视作上天来敬仰，把母亲看作大地来孝顺，为天下百姓做出了榜样。而作为普通的民众，只有响应风从。圣明的君王立孝设教，孝治天下，薪火相传五千年而长盛不衰，充分显示出榜样的力量，更彰显出中华孝道无比强大的生命力。

二、"天人感应"，助君爱民

"天人合一"是古代圣贤对天人关系的一种朴素认知，认为天与人都是有生命、可以互相感知的对象，所以《孝经》本章提出了"孝悌之至，通于神明，光于四海，无所不通"的论断。前面提到，汉代大儒董仲舒在此基础上提出了"天人感应"的学说，在历史上产生了很大的影响。董仲舒在呈献给汉武帝的《天人三策》中说：

我非常慎重地仔细查阅《春秋》中的记载，认真研究周朝后期春秋战国期间已经发生过的事情，来观察上天与人世间相互关联作用产生的因果关系，令人非常敬畏！一个国家将要出现无道昏君祸国殃民，上天就会降下干旱、洪水等灾害来谴责警告它；他如果不知道反省，上天又会降下一些更严重的灾害让他心生恐惧；如果他仍然不能悬崖勒马痛改前非，就会大祸临头国破家亡。由此可见，上天以悲天悯人之心仁爱国君，以制止他的胡作非为。假如不是十恶不赦、极其残暴的独夫民贼，仁爱的上天总是想帮助保全他的江山社稷。关键看当事的国君能否勤政爱民奋发图强。如果国君学而不厌奋发有为，就会见多识广智慧超群；如果国君一心一意力行圣贤之道，德行日积月累就会大功告成。这些努力最终一定能够达到目标并且富有成效。《诗经·大雅·烝民》上说："从早到晚，不敢懈怠。"《尚书·尧典》中说："努力呀！努力呀！"都是勉励努力的意思。

董仲舒接着说：微臣从古圣先贤那里了解到，上天创造世间万物，是当之无愧的万物始祖。因此它覆盖了高山大川森林河流，含育了人类社会及动物世界，对待万事万物一律平等。日月为之照耀，风雨滋润调和，经历阴阳变换，接受寒暑洗礼，最终自然成就。因此，圣人效法上天确立人伦大道，如同上天般博大无私仁爱，在人间播撒盛德，施仁爱敦厚民风；用道义、礼仪引导民众。春天是万物萌生的季节，仁德是君主所喜爱的品质；夏天是万物成长的季节，道德是君主修养身心的主要内容；冰霜是上天降下的萧杀之气，刑罚则是君主惩治犯罪的主要手段。从这些现象来说，天人感应，从古至今从来没有改变过。孔子编著《春秋》，上考察上天运行规律，下了解民间的风土人情，借古喻今，微言大义。所以，《春秋》所讥讽的都是各种灾害所警示的东西，《春秋》所深恶痛绝的都是怪异天象施虐人间所对应的暴行。书写邦国家族的过失，同时记载怪异天象与各种灾害的演变，以此显示人的主观作为，人的极其善良美好或者罪大恶极，都与天地流通而往来相应，此也说出了上天的一个端倪。

董仲舒的"天人感应"学说认为：天是至高无上的人格神，不仅创造了万物，也创造了人类。因此，他认为天是有意志的，是和人一样"有喜怒之气，哀乐之心"。人与天是相合的。这种"天人合一"的思想，继承了思孟学派和阴阳家邹衍的学说，而且将它发展得十分精致。董仲舒深入探究阴阳五行学说，用阴阳的相互转换，与春夏秋冬四时的密切配合，推导出东南西北中的方位和金木水火土五行的关系。特别突出"土"居于中央的位置，在五行之中处于主导地位。董仲舒认为，五行是天道的表现，"道"源于天，"天不变，道亦不变"，统治者为政有过失，天就降下灾害，以表示谴责与警告；如果还不知悔改，又降下怪异天象进行惊骇；若是仍然不知畏惧，于是大祸就临头了。他认为，人的认识活动受命于天，人要了解天意。人通过内省明辨是非，从而"知天"；通过对阴阳五行的探究，深刻了解天意、天道。按照"尽心""知性""知天"的模式，达到"天人合一"。董仲舒用天的权威，一定程度上限制了皇权，促使皇帝敬天爱民，具有十分重要的历史意义。

三、思亲祭祖，培根固本

中国人历来敬仰天地君亲师，崇拜祖先。因此，把对父母的孝，延伸到他们去世后对他们的追思，以及对父母和祖先的祭祀。

凡治人之道，莫急于礼。礼有五经，莫重于祭。夫祭者，非物自外至者也，自中出生于心也；心怵而奉之以礼。是故，唯贤者能尽祭之义。

祭者，所以追养继孝也。孝者畜也。顺于道不逆于伦，是之谓畜。是故，孝子之事亲也，有三道焉：生则养，没则丧，丧毕则祭。养则观其顺也，丧则观其哀也，祭则观其敬而时也。尽此三道者，孝子之行也。（《礼记·祭统》）

凡是治理社会民众的方法，没有比礼更紧要的了。礼有吉礼、凶礼、宾礼、军礼、嘉礼5种，其中最重要的便是作为吉礼中的祭礼。祭礼，并不是外面有什么东西使人这么做，而是发自人们的心灵深处，内心有所感念，而表现于行为便是祭祀了。所以，只有贤明的人，才能完全理解祭祀的意义。

孝子的祭祀，是用来完成对父母生前应尽而未尽的奉养和孝心。所谓孝就是畜，就是这种供养和孝心的积蓄。顺于孝道而不悖于人伦，所以孝子事奉父母双亲，有三条原则：头一条是生前尽心奉养，第二条是身后依礼服丧，第三条是服丧期满，春秋依时祭祀。从奉养上可以看出做儿女的是否孝顺，从服丧上可以看出儿女是否哀痛，从祭祀上可以看出儿女是否虔敬和守时。这三条都尽职尽责，才配称得上是个合格的孝子。

《礼记·祭义》记载：孝子在祭祀之前，要进行斋戒，清心寡欲。斋戒期间，总是想起亲人从前住的房子，想起亲人的欢声笑语，想起亲人的远大抱负和坚强意志，想起亲人喜欢做的事，喜欢吃的食物和他的爱好。这样心怀虔诚地斋戒三天，所要祭祀亲人的生动形象时时在孝子脑海中浮现。

祭祀之日，孝子进入安置灵位的宗庙里，仿佛看到了亲人的音容笑貌；礼拜过后转身即将出门时，肃穆的环境中亲人说话的声音好像就在耳边；出门之后，又仿佛听到了亲人的喟然长叹。鉴于上述情形，古代圣明的君王孝敬他的亲人，亲人的生动形象，总是离不开他的眼前，亲人的亲切声音总回响在他的耳边，亲人的心志意趣他总是念念不忘记在心里。为着爱到极点，亲人永远活在他的心中；诚恳到极点，亲人的音容笑貌总在他眼前不断呈现。对于这样时时呈现在眼前、永远活在心里的亲人，怎会不心存敬畏呢？

君子孝敬父母，父母在世时快乐、恭敬地奉养，父母离世后虔诚、严肃地祭享，一辈子都不敢做辱没父母名声的事。君子有终身的丧事，那就是说，年年都有父母离世的那个令人伤心日子。令人伤心的这一天不做别的事情，并非这一天不吉利，而是这个令人伤心日子，全身心都沉浸在对父母的思念之中，没有心思去做其他的事情。

《孝经》本章提到："天地明察，神明彰矣。""宗庙致敬，鬼神著矣。"我们不妨走近孔子等古代圣贤所理解的"鬼神"。

宰我曰："吾闻鬼神之名，不知其所谓。"子曰："气也者，神之盛也。魄也者，鬼之盛也。合鬼与神，教之至也。众生必死，死必归土，此之谓鬼。骨肉毙于下，阴为野土。其气发扬于上为昭明，焄蒿（xūn hāo）凄怆（chuàng），此百物之精也，神之著也。因物之精，制为之极，明命鬼神，以为黔首则。百众以畏，万民以服。

"圣人以是为未足也，筑为宫室，设为宗祧（tiāo）以别亲疏远迩。教民反古复始，不忘其所由生也。众之服自此，故听且速也。

"二端既立，报以二礼，建设朝事，燔燎（fán liáo）膻芗（shān xiāng），见以萧光，以报气也。此教众反始也。荐黍稷，羞肝肺首心，见间以侠甒（wǔ），加以郁鬯（chàng），以报魄也。教民相爱，上下用情，礼之至也。

"君子反古复始，不忘其所由生也。是以致其敬，发其情，竭力从事以报其亲，不敢弗尽也。是故，昔者，天子为籍千亩，冕而朱纮（hóng），躬秉耒（lěi）。诸侯为籍百亩，冕而青纮，躬秉耒。以事天地山川社稷先古，以为醴（lǐ）酪齐盛，于是乎取之，敬之至也。"（《礼记·祭义》）

　　孔子的弟子宰我问："我听到人们常说鬼呀神的，就是不知道它的涵义。"夫子答道："气是由神的充盛而有，魄是由鬼的充盛而有。合鬼与神，这便是圣人以神道设教的极致。有生命的东西必然会死去，死后则归于泥土，这便是鬼。骨肉在地下腐烂，变成土壤；但它的气则发扬升腾，成为可见、可闻、流动的景象与气味，以及感受得到的悲伤，这就是百物的精灵，似真似幻的神灵的存在显现。圣人依照百物的精灵而尊之为至高无上的神，作为民众的崇拜对象，使人们敬畏而服从。

　　尽管如此，圣人并不认为原始的崇拜为完善的行为，所以要建筑宫室，作为宗庙祧庙，近亲立宗庙，远亲立祧庙，以区分血缘恩情的亲疏远近，教导人们追溯最早的远祖，慎终追远，纪念氏族的始祖，不要忘了自己的来路。对此，民众十分信服，而且很快就风行跟从。

　　鬼、神二者既已确立，就报以两种祭礼。一是设计朝事之礼，把牲腥的祭品放在萧蒿上焚烧，发出气味还夹杂着火光，这是用气味来报答气魄之气，称之为"神"。用以提醒人们回返神性。另一种是进献食物之礼，即献上黍、稷这两种谷物，以及祭祀动物的肝、肺、头、心，夹两壶酒，再加上香草酒，用来报答气魄之魄，称之为"鬼"。这种进献食物之祭，教导民众相亲相爱。对上祭神，对下祭鬼，把祭礼做到了极致。

因为君子的返古复始，不忘自己从哪里来，所以要极尽敬意，抒发感情，竭心尽力以报答亲人生养之恩，只怕报答的不够到位。因此，在古代虽贵为天子，到了春耕的时候，仍然要戴着系有红色帽带的礼帽，亲执犁耙在千亩籍田里耕种；诸侯要戴着系有青色帽带的礼帽，亲执犁耙在百亩籍田里耕种。把亲手耕种的收获，供作祭祀天地、山川、社稷及先祖的祭品。而祭祀所用的酒浆米饭等，全是取材于籍田。这才是敬仰父祖先人达到的极致。"

古代圣贤用思亲祭祖这种培根固本的的方式，使中华文明薪火相传，历久弥新。在当今新时代，仍有旺盛的生命力。最近我在微信上看到了一个帖子："儿子写给母亲的祭文，看哭了13亿中国人"感慨良多，特分享给读者朋友们。

母亲虽只是一个平凡质朴的农村妇女，却是我情感世界的玉皇大帝。回家看母亲的次数屈指可数。写下这些文字，权作对母亲的思念和悔罪

……

01

苦日子过完了

妈妈却老了

好日子开始了

妈妈却走了

这就是我苦命的妈妈

妈妈健在时

我远游了

我回来时

妈妈却远走了

这就是你不孝的儿子

02

妈妈生我时

剪断的是我血肉的脐带

这是我生命的悲壮

妈妈升天时

剪断的是我情感的脐带

这是我生命的悲哀

03

妈妈给孩子再多

总感到还有很多亏欠

孩子给妈妈很少

都说是孝心一片

04

妈妈在时

"上有老"是一种表面的负担

妈妈没了

"亲不待"是一种本质的孤单

再没人喊我"满仔"了

才感到从未有过的空虚和飘渺

再没人催我回家过年了

才感到我被可有可无了

05

妈妈在时

不觉得"儿子"是一种称号和荣耀

妈妈没了

才知道这辈子儿子已经做完了

下辈子做儿子的福分

还不知道有没有资格再轮到

06

妈妈在世

家乡是我的老家

妈妈没了

家乡就只能叫做故乡了

梦见的次数会越来越多

回去的次数会越来越少

07

小时候，妈妈的膝盖是扶手

我扶着它学会站立和行走

长大后，妈妈的肩膀是扶手

我扶着它学会闯荡和守候

离家时，妈妈的期盼是扶手

我扶着它历经风雨不言愁

回家时，妈妈的笑脸是扶手

我扶着它洗尽风尘慰乡愁

妈妈没了

我到哪儿去寻找

我依赖了一生的这个扶手

08

妈妈走了

我的世界变了

世界变了

我的内心也变了

我变成了没妈的孩子

变得不如能够扎根大地的一棵小草

母爱如天

我的天塌下来了

母爱如海

我的海快要枯竭了

09

妈妈走了

什么都快乐不起来了

我问我自己

连乐都觉不出来了

苦还会觉得苦吗

连苦乐都分辨不出了

生死还那么敏感吗

连生死都可以度外了

得失还那么重要吗

10

慈母万滴血

生我一条命

还送千行泪

陪我一路行

爱恨百般浓

都是一样情

即便十分孝

难报一世恩

万千百十一

一声长叹

叹不尽人间母子情……

第十七章
君仁臣忠　君安臣荣

《孝经·事君章》

子曰："君子之事上也，进思尽忠，退思补过，将顺其美，匡救其恶，故上下能相亲也。《诗》云：'心乎爱矣，遐不谓矣，中心藏之，何日忘之。'"

孔子说："君子侍奉君王，在朝堂之上，要想着如何竭尽其忠心；退朝居家的时候，要想着如何修身弥补自己的过失。对于君王的美意善行，要顺应促成；对于君王的过失恶行，要补救匡正。所以君臣关系才能够相互亲敬。《诗经·小雅·隰桑》中说：'心中装的都是爱敬，就是不想说给你听，这份真爱藏在心中，没有一天能够忘情。'"

一、士大夫的独立人格

中国的士大夫饱读圣贤诗书，从主流上来说，具有格物、致知、诚意、正心、修身、齐家、治国、平天下的家国情怀，形成了高洁的独立人格，掌握了智慧通达的应变技巧。

《荀子·臣道》记载：荀子认为：作为大臣，辅佐像尧舜那样至圣至明的君王，只要按他的旨意办事就可以了，用不着劝谏力诤；辅佐中等见识与格局的君王，有必要劝谏力诤，但不用阿谀奉承；辅佐喜怒无常残暴无道的昏君，只有尽力尽责地去弥补他的过失，不做无谓的矫正。被逼无奈地处于乱世，不得已处于残暴统治的国家，又没有办法避开这种处境，那么就称颂他值得称颂的好的东西，宣扬他做的好事，回避他的恶行，隐瞒他的过失，谈论他的优点，不说他的缺点，面对既成的现实，以免灾祸临头。《诗经》上说："国家有了重大变动，不能告诉别人，否则就会危害自身。"（该诗为逸诗，不见今本《诗经》）说的就是这种情形。

恭恭敬敬而又谦逊谨慎，听从政令而又雷厉风行，不敢主观臆断和擅作主张，不敢私自随意取舍，把与君王保持高度一致恭顺君王为意志，这是辅佐像尧舜那样至圣至明君王的应有之义。忠贞不二、诚实守信而不阿谀奉承，用心劝谏、据理力争而不讨好谄媚，果敢勇毅，志趣端正而没有陷害他人的邪念，正确就说正确，不正确就说不正确，这是辅佐中等见识与格局的君王的应有之义。调解矛盾而不随波逐流，温文尔雅而不轻易屈从，宽宏大量而不胡作非为，晓之以圣贤之道而政事没有不协调和顺的，感化他向善，开导让他接受正知正见，这是辅佐暴虐君王的应有之义。辅佐暴君犹如驾驭野马，如同哺育初生的婴儿，也如给过度饥饿的人以食物，因此抓住他恐惧的心理来改正他的过失；在他担忧的节骨眼上来改变他过去的不良行为；趁他高兴的当口把他引入正道；当他暴怒的关键时刻来消除他的怨恨，这样就能曲折巧妙地得到想要的结果。《尚书》说："顺从命令而不违背，小心劝谏而不厌倦；做君主能明智，做臣子能谦逊。"（该引文为佚文，不见今本《尚书》）说的就是这种情形。

二、为国为民，忠心耿耿

忠君爱国，造福人民，是贤能无私、有所作为的士大夫的不懈追求。

《荀子·臣道》记载：荀子认为：大臣听从君主的政令，从而对君主有利叫做恭顺；大臣听从君主的政令，从而对君主不利叫做谄媚；大臣违背君主的政令，从而对君主有利叫做忠诚，大臣违背君主的政令，从而对君主不利叫做篡位。不体恤君主的荣耀与耻辱，不体恤国家的获得与损失，只是一味地苟合君主而自保，博得君主欢心取得俸禄，结党营私，此为国贼。君主制定了错误的政策、做了错误的事情，国家将会出现危险，江山社稷将被颠覆，在这国家面临生死存亡的紧要关头，朝中文武大臣、家中父子兄弟，如果有人挺身而出向君主进言献策，被采纳则可引为知己，不采纳就断然离去，这叫做以理劝谏之臣；另有向君主进言献策者，被采纳则可视为知音，不采纳就以身殉国，这叫做以死谏诤之臣；有智慧超群、凝聚力强、能联合志同道合的人，率领文武百官一起断然采取强制手段，迫使君主纠正错误，君主虽然感到不安，但不得不听，结果是解国之大患，除国之大祸，令君主更加尊贵，国家长治久安，这叫做辅佐之臣；有人有超级洞察力，虽违抗君主的政令，借重国家的权力，反对君主做的事情，从而安定了国家，消除了国家的安全隐患，昭雪了君主的耻辱，给国家带来了极大利益，可谓功勋卓著，这叫做匡救天下之臣。因此，以理劝谏之臣、以死谏诤之臣、辅佐之臣、匡救天下之臣，皆为江山社稷的功臣，是圣明君王的珍宝，以及被其敬为上宾厚爱至深的功臣。而昏庸无道的昏君，却把他们视为奸贼。因此，圣明君王所赏识重奖的功臣，却是无道昏君所惩罚的奸贼；无道昏君所奖赏的宠臣，更是圣明君王所杀戮的乱臣贼子。商朝开国元勋伊尹、太师箕子可称得上以理劝谏之臣；商朝王子比干、春秋时吴国大夫伍子胥可以称为以死谏诤之臣；战国时赵国相国平原君赵胜可称为辅佐之臣；战国时魏国军事家信陵君魏无忌可称为匡救天下之臣。古人云"尊从大道而不顺从君主"，说的就是这个道理。因此，任用正义之臣，朝廷就不会偏离正道；以理劝谏之臣、以死谏诤之臣、辅佐之臣、匡救天下之臣被重用，君主之过就不会延续很长时间；孔武有力智勇双全的勇士被任用，周边国家的仇敌就不敢来犯边关；镇守边关的大臣尽职尽责，边关就不会被攻破。因此，圣明的君主喜好志同道合的大臣。昏庸的君主独断专行，固执己见；圣明的君主崇尚贤德的人，任用有才能的人而共享盛世；昏庸的君主嫉贤妒能而抹灭他们的功绩，忠臣遭到惩罚，奸贼平步青云，这就叫昏庸无道登峰造极，这正是夏王朝末代昏君夏桀、商王朝不肖子孙商纣王灭亡的原因。

荀子还对忠臣进行了分类：有大忠的大臣，有次忠的大臣，有下忠的大臣，有祸国殃民的奸贼。以道德覆盖熏陶化育君主，是大忠；用道德调养辅佐君主，是次忠；以自己的正确去劝谏君主的错误从而激怒他，是下忠；不体恤君主的荣耀与耻辱，不体恤国家的获得与损失，只是一味地苟合君主而自保，博得君主欢心取得俸禄，结党营私，此为国贼。像周公在成王年幼时摄政辅佐成王，可以说是大忠了；像管仲辅佐齐桓公成就霸业，可以说是次忠了；像伍子胥死谏终被吴王夫差赐死，可以说是下忠了；像曹触龙阿谀谄媚商纣王终致殷商灭亡，可以说是祸国殃民的奸贼。

以上谈到的忠臣，大都是士大夫中"从道不从君"的杰出典范，他们胸怀家国，心系人民，被炎黄子孙代代传颂，青史留名。

三、明君贤臣，相辅相成

在中华民族的文明史上，无论是尧舜禹汤，还是大汉盛唐，只要是太平盛世，少不了明君贤相的相互成就，相得益彰。如何做一个圣明的君王？怎样做一代贤能的忠臣？荀子以下的论述，可谓见解独到。

《荀子·君道》记载：荀子认为：国家的君主对于民众，犹如江河的本源与支流，本源的水清澈纯净，支流的水就清澈纯净；本源的水混浊不堪，支流的水就混浊不堪。因此，拥有江山社稷的国君，如果不能爱民如子，不能给民众带来利益，却希望民众亲爱国君像亲爱他们自己父母那样，是根本没有可能的。民众不亲不爱国君，却希望他们为国君吃苦出力，为国君牺牲生命，那也根本没有可能。民众不为国君吃苦出力、不为国君牺牲生命，而想求得国家兵强马壮、城防坚不可摧，那也根本办不到。军力做不到兵强马壮、城防达不到坚不可摧，而希望敌人不敢入侵，那也根本没有可能。敌人已经杀将进来，城中战火纷飞，却希望国家不被削弱，没有危险，不会灭亡，那仍然根本没有可能。危险、灭亡已成现实，却还想追求安逸享乐，这是狂妄无知、不知死活、愚蠢透顶的人。这种愚蠢透顶的人，不久就会灭亡。因此睿智有为的君主想要使国家强大稳固，让自己的生活安逸快乐，则不如回过头来关爱民众，依靠民众；想要使大臣对自己忠心耿耿、让民众跟自己站在一起，则不如回过头来勤勤恳恳执政为民；想要使政治风清气正，江山如画，则不如礼贤下士寻求善于治国理政的良将贤才。那些治国贤才，或归隐山林，或散落民间，有幸得到他们的明君世代都有。这些治国贤才，生在当世而向往探究古圣先贤的圣贤之道，即使天下王公贵族没有人喜好古圣先贤的圣贤之道，然而他却情有独钟；即使天下百姓没有谁想实行古圣先贤的圣贤之道，然而他仍然我行我素。喜好古圣先贤的圣贤之道的人会贫困，遵行古圣先贤的圣贤之道的人会穷苦，然而他仍然孜孜不倦地去追求，没有片刻地停止。唯独他清楚明了古代君王成功的地方与失败的原因，清楚明了国家的安稳与危险、世道的美好与糟糕就像分辨黑白一样。这种治国贤才，重用他就会成就天下一统的千古伟业，诸侯就会俯首称臣；

小用他也能震慑邻邦敌国；纵然不能任用他，只要他不离开本国的疆域，这个国家就会安然无恙。因此，君主勤政爱民国家就会安定，君主善于选贤任能社会就会繁荣，二者一样也没做到国家就会灭亡。《诗经·大雅·板》有云："贤士是国家的藩篱屏障，民众是国家的铁壁铜墙。"此之谓也。

第十八章
生事爱敬　死事哀戚　孝行圆满

《孝经·丧亲章》

子曰：孝子之丧亲也，哭不偯（yǐ），礼无容，言不文，服美不安，闻乐不乐，食旨不甘，此哀戚之情也。三日而食，教民无以死伤生，毁不灭性，此圣人之政也。丧不过三年，示民有终也。为之棺椁（guǒ）衣衾而举之；陈其簠簋（fǔ guǐ）而哀戚之；擗踊（pǐ yǒng）哭泣，哀以送之；卜其宅兆，而安措之；为之宗庙，以鬼享之；春秋祭祀，以时思之。生事爱敬，死事哀戚，生民之本尽矣！死生之义备矣！孝子之事亲终矣！

孔子说："孝子在父母双亲逝去时，哭泣发不出婉转悠长的哭腔；举止行为失去了平时的端庄礼仪，说话不加文饰，穿戴华美的衣冠则不安，听到乐声也感觉不到快乐，吃美味的食物也不觉得好吃，这是儿女为失去亲人而悲伤忧愁的真情流露。父母去世3天之后要吃东西，圣人教导民众：不要因失去亲人、悲痛过度而伤害身体，危及性命，这是圣人所行的善政啊。孝子服丧不超过 3 年，向民众表明哀戚是有终点的。为去世的父母制作内棺、外椁、裹身的衣服被子等，抬死者进棺木内；陈列簠簋（fǔ guǐ）等各类盛满祭品的礼器以祭奠，让人们对死者表达哀痛和悲伤；拍胸、跺脚、嚎啕大哭，以悲哀之情为死者送终；以占卜寻找墓地、墓穴的陵园以安葬；设立宗庙，让亡灵有所归依，供奉祭品，让亡灵享用；春秋两季进行祭祀，以表示孝子无时不思念亡故的亲人。父母亲在世时，以爱敬之心侍奉；去世后，充分表达哀戚之情，那么，天生之民的大本孝子尽到了，为父母养老送终的生死大义完备了，孝子侍奉父母双亲的孝行终于圆满了。

一、哀痛——骨肉亲情的自然流露

儿女对父母的情感，是人间最古老、最质朴的感情。早在 3000 多年前，中国最早的诗歌总集《诗经》，就有最深刻、最感人的表达：

原诗：	译文：
父兮生我	父亲啊，养育我
母兮鞠我	母亲啊，生养我
拊我畜我	抚爱我啊扶持我
长我育我	养大我啊教育我
顾我复我	照顾我啊牵挂我
出入腹我	出门进门怀抱我

欲报之德　　　　　　　　要想报答这恩德

昊天罔极　　　　　　　　恩大如天怎报得

　　　　　　　　　　　（《诗经·小雅·蓼莪（lüé）》）

　　父母一旦离世，儿女犹如天塌了一般，那种哀痛，撕心裂肺，伤心欲绝。因而会哭得声嘶力竭，顾不到平时礼仪要求的端庄容颜，说话也顾不了雅俗文采，穿上粗糙的孝衣，听到再好听的音乐也快乐不起来，吃什么东西也品不出味道，人整个进入了一种痛失父母的哀痛状态。

　　儿女的这种情感倾泻，首先源于儿女身体里流淌着父母的血液，从小吃母亲甘甜的乳汁，在父母的怀抱里一天天长大，跟父母学走路，跟父母学说话，父母在孩子身上花费了大量心血，对孩子言传身教，潜移默化，都在孩子的心中打下了深深的烙印。当孩子做了父母，又帮助照顾孩子的孩子。现在看看幼儿园和小学的大门口，每当放学时刻，接宝贝的百分之八九十都是爷爷、奶奶或姥姥、姥爷。这种爱心的传递和情感的积累，使中国式的家庭中充满了温暖和柔情。父母对子女恩重如山，子女对父母自然爱敬如天。因此父母去世后，儿女心中的哀痛是极其真挚自然的，是发自心灵深处不能自已的真情流露，也是儿女满足自身情感需要所必须的一种表达。

　　儿女对父母离世的哀痛，也是圣人以"孝"设教的必然结果。诚然，人的天性有善良的一面，人之初，性本善。但后天如果在孩子纯真的心田里种满了杂草，则必然结出恶果。从晚清慈禧太后宣布废除读经，把几千年的中华经典当作故纸，束之高阁；发展到后来的"打倒孔家店"，到"文革"的破除旧思想、旧文化、旧风俗、旧习惯，所谓的"破四旧"，以及紧接着的"批林批孔"，把中华优秀传统文化糟蹋殆尽，是非颠倒，黑白混淆，导致父子相残，夫妻反目，上演了一幕幕人间惨剧。

习近平新时代中国特色社会主义思想的确立，把弘扬中华优秀传统文化，实现中华民族伟大复兴的"中国梦"作为我们的奋斗目标，礼敬传统美德，孝老爱亲成为时代风尚，慈爱、和睦重回家庭，中华孝道历久弥新。父母不幸离去，儿女也知道怎样用孝道来表达感情，生者尽孝，逝者安息。中华民族重新开始正本清源，回到孔子，致敬圣贤，造福子孙万代。

二、丧礼——维护逝者尊严的重要仪式

儒家文化讲事死如事生，就是对待逝去的亲人，要像他活着的时候那样，爱敬如故。

《荀子·礼论》记载：荀子认为，礼是人们用来小心谨慎地处理生与死的。生，是一个人人生的开始；死，是一个人人生的终结；终结与开始都处理得很完善，为人处世之道也就完备了。因此，君子严肃地对待生又慎重地对待死，对待死与对待生一样，这是君子的原则，礼义的体现。厚待人在世的时候而薄待人去世的时候，这是敬重人活着的时候有知觉，而懈怠人死了以后没有知觉，这是奸邪之人的处世原则和背叛的思想。君子用背叛的思想，来对待地位低下的奴仆和尚未成熟的小孩，尚且有羞耻

之感，更何况是感念自己敬仰爱戴的君主和恩重如山的父母呢！是故，对待君主或父母死亡这件事，只有一次而不可重复，臣下是否敬重君主，儿女是否孝敬父母，从他们离世后的丧礼和祭礼上，最终得到最充分的体现。是故，君主、父母活着的时候，对他们不忠厚，不礼敬，叫做粗野；君主、父母逝去之后，对他们不忠厚、不礼敬，叫做轻薄。君子鄙视粗野而耻于轻薄。

《荀子·礼论》记载：荀子认为，丧礼，是用生活在现实中的人们的情形来装饰过世亲人的，大体模仿他健在时的情形来为他送行。是故，侍奉逝去的人如同迎接刚刚诞生的新生命一样，服侍过世的亲人如同服侍他在世时一样，对待生命的终结与对待生命的开始仍然一样。丧礼没有其他的意思，是表明死与生的意义，用悲哀恭敬的心情去送别，用隆重的仪式最后把死者周全的掩埋。是故，举行隆重的葬礼，是恭敬地埋藏已故亲人的遗体；举行隆重的祭礼，是恭敬地供奉已故亲人的灵魂；那些铭文、悼词、家谱世系，是为了敬仰以及广泛地传颂已故亲人的美名。养育刚刚诞生的新生命，是装饰人生的开始；送别过世的亲人，是装饰生命的终结，亲人生命的开始和终结都完备了，那么孝子的孝心就尽到了，圣人之道也就完备了。削减死者的待遇来增加生者的待遇叫作刻薄，削减生者的待遇来增加死者的待遇叫作迷惑，用活人陪葬死人叫惨无人道。大体模仿健在时的情形来装饰过世的亲人，把人的死与生都处理得适宜而又尽善尽美，是礼义最恰到好处的方式，儒家的圣贤们就是这样做的。

中华礼乐文化代代相传，丧礼文化至今仍在发扬光大。我们经常在电视上看到，党和国家领导人出席那些德高望重、为国家和人民做出过突出贡献的老前辈的葬礼，缅怀他们的丰功伟绩，赞颂他们的高尚品德，以此激励后人，鞭策来者，意义十分重大。每个家庭，通过父母的葬礼，在庄重的仪式中，唤起孩子们对长辈的尊重，让晚辈记住长辈的恩德，培养他们的恭敬之心与感恩之心，为他们今后的成长打下牢固的基础。

近些年，笔者参加了本地农村的一些葬礼，最大的问题就是不庄重，庸俗化。本应该是哀痛悲伤的场合，却请一些低俗的乐队，唱些乱七八糟的歌曲，没有一点哀伤的感觉。有关部门应加以正确引导，订立乡规民约，努力提高农村精神文明建设水平。

三、追思——薪火相传的死生大义

父母离去，令儿女哀痛不已，为了寄托哀思，葬礼之后，以7天为单位，进行祭祀。重点是"头七""三七""五七"。接着是"百日祭""周年祭""三年满孝祭"等。孝子守孝3年，在孔子之前，就已经形成了规矩，至少已经流传了3000多年，那么，究竟有什么深意呢？

《荀子·礼论》记载：荀子自问自答：亲人离世服丧3年有什么深意？答案是：根据感情来确定礼仪，以此来展示不同族群的文化，是区别人与人之间关系亲疏、地位贵贱的礼节，是不能随意再增加或减少的了。因此说：这是无论到什么地方都不可改变的通则。创伤大的，恢复起来时间就长；悲痛欲绝的愈合起来就慢。3年之丧，根据感情确定礼仪，是用来表示悲痛到了极点。

穿着服丧的衣服、挂着竹杖、住在临时搭建的窝棚里、喝稀饭、睡在柴草上、枕着土块，这是极度悲痛的表现。3 年的丧期，25 个月就完毕了，但哀痛没有断尽，思念没有忘却，礼制却规定此时此刻应该适可而止。这难道不是告别逝去的亲人该有个时限、回归正常生活要有个节点吗？凡生长在天地间，有血气的种属就必定有智力，有智力的种属没有不爱它的同类的。当今那些天上飞的、地上跑的比较大的飞禽走兽，一旦发现它的群体或配偶不见了，过了一个月或一段时间就必定返回；经过故乡就一定徘徊不前，鸣叫啼号，飞来走去，犹豫不决，然后才肯离去。小的如燕子麻雀之类，也要悲鸣一会儿，然后才会飞走。有血气的种属没有智慧可以超过人的，是故，人对于父母的亲爱，至死不渝。要由着那些愚蠢、鄙陋、淫荡、奸邪的人吗？他们的父母双亲朝死而夕忘，如果放纵这些人，真可谓禽兽不如，他们怎么能相互群居而不发生混乱呢？要由着那些过于修饰的君子吗？3 年之丧，25 个月就完毕了，就像四匹马拉的车子飞奔过一个缝隙，然而成全这些君子，服丧就无穷无尽了。因此，先王和圣人为他们设立了适中的制度，只要完成了礼仪的要求，就可以脱去丧服结束丧期。既然是这样，怎样来区分比较亲近一点与比较疏远一点的关系呢？答案是：对父母这样恩重如山的至亲至爱，规定一周年服丧期满。这是为何？天地已经改变了，春夏秋冬四季已经循环了一遍，在宇宙中的万物，都已重新开始生长了，因此先王以此来模仿它。既如此，为何又要服丧 3 年呢？答案是：为增加丧礼的隆重程度，于是就让服丧的日期加倍，又增加了两年。另外有丧期 9 个月以下的，是怎么回事？答案是：为了区分一般丧礼不如父母的丧礼隆重，所以服丧 3 年是最隆重的丧礼。为期 3 个月，穿着细麻布制作的丧服，以及为期 5 个月，穿着较细的熟麻布制作的丧服，都是比较轻的丧礼。服丧 9 个月至一周年，是中间的丧礼。周公制礼作乐，上取象于天，下取象于地，中取法于人，人们之所以能够和谐一致地生活在一起的道理，全盘体现在这里面。因此服丧三年，是人道最高规格的礼仪，也是人世间最隆重的礼仪。这种最高规格、最隆重的礼仪，百代君王相同，从古到今一致。

我们从圣人孔子离世，上至国君、下至孔门弟子及普通民众对孔子的追思，来感受一下古代的丧礼。

孔子年七十三，以鲁哀公十六年四月己丑卒。

哀公诔（lěi）之曰："旻（mín）天不吊，不慭（yìn）遗一老，俾屏余一人以在位，茕茕余在疚。呜呼哀哉！尼父，毋自律！"（《史记·孔子世家》）

孔子逝于鲁哀公十六年（前 479）四月的己丑日，享年 73 岁。鲁哀公在为孔子作的一篇悼词中说："老天爷不仁慈，不肯留下这位老人，使他扔下我，孤零零一人在位，我孤独而又悲伤。啊！多么悲痛！尼父啊，我失去了一个学习的楷模！"

《史记·孔子世家》记载：孔子埋葬在鲁国都城曲阜北面的泗水岸边。弟子们按照师生大礼都为他服丧 3 年。按当时的礼制，弟子们虽身无丧服而心存哀戚的 3 年"心丧"完毕，大家都相对哭泣，洒泪而别。有的弟子仍然哀伤不已就又留了下来。唯有子贡与夫子情深似海的师生情谊始终难以割舍，就在墓旁搭了个茅屋守墓 6 年后才离去。孔子的弟子们离开后，有的仍然思念夫子，干脆把家搬到了夫子墓旁，带动鲁国 100 多户人家都住在了孔子墓旁，人们称这里为"孔里"。鲁国世世代代相传，每年到孔子逝世的日子和春秋祭祀的时刻，都到孔子墓前祭拜。而儒生们也在孔子墓前讲习礼仪，举行乡饮、射箭比赛等仪式。孔子的墓地占地一顷。孔子生前同弟子们探讨学问的堂屋，以及弟子们生活起居的宿舍，后世就成为人们祭祀夫子的孔庙，收藏了夫子用过的衣冠、古琴、书籍和他乘坐过的车子等，一直到汉代 200 多年祭拜不绝。汉高祖刘邦经过鲁地曲阜孔庙，用最高规格的太牢之礼（即牛、羊、猪三牲）祭祀孔子。当时受封到鲁国的诸侯卿相到任的第一件事，常常是先去祭拜孔子，然后才去处理政务。

祭祀是后人对先人表达哀思的重要礼乐仪式，荀子对此论述的比较透彻。

《荀子·礼论》记载：荀子认为，祭祀，是人们表达心意和思念之情积累的一种仪式。人们感动、郁闷就想寻找时机表达出来。是故，人们欢聚一堂的时候，那些忠臣孝子思念君主和父母的感情就会涌上心头。他们的感情非常强烈，如果没有合适的表达方式，就会惆怅而不满足，就礼节而言就是一种欠缺和不完善。是故，先王为此制礼作乐，使尊重君主、亲爱父母的道义就完备了。因此说：祭祀，是人们表达心意和思念之情积累的一种仪式，是忠臣孝子忠诚、守信、仁爱、礼敬的极至，是礼节仪式的盛大呈现，假如不是圣人，没有人有这么大的智慧。圣人明了它的意义，士君子安心地力行，官吏以此为的职守，百姓以此形成风俗。祭祀对于君子，为做人的原则；祭祀对于百姓，为侍奉鬼神之事。是故，用钟鼓、管磬、琴瑟、竽笙等乐器，演奏《韶》《夏》《護（hù）》《武》《汋（zhuó）》《桓》《箾（shuò）》《象》等乐曲，君子用这种仪式来表达喜乐感情的变化。穿着丧服、挂着竹杖、住在简陋的茅屋里、喝稀饭、睡柴草、枕土块，君子用这种仪式来表达哀痛感情的变化。军队用制度、刑法用等级，惩罚符合罪行，君子用这种仪式来表达憎恶感情的变化。占卜算卦要看日子，斋戒、清扫祠庙，摆好祭祀的桌椅、献上祭品，受祭的人吩咐辅祭的人，就像神在享用一样；祭品取出来一一祭祀，就像神在品尝一样；不用劝食的人代主人敬酒，主人亲自举杯献酒，就像神在喝酒一样；宾客退出，主人拜送，返回后换掉祭服而穿上丧服，回到位置上痛哭，就像神真的离开了一样。悲痛啊！恭敬啊！侍奉死亡就像侍奉出生，侍奉死人就像侍奉活人一样，虽然无形无影，然而却成为一种礼仪。

这种礼仪在我们当今社会仍然十分重要，国家把"清明节"定为法定节日，在这一天，每个人、每个家庭都祭拜逝去的亲人，缅怀亲人的恩德，寄托我们的哀思。中华人民共和国第十二届全国人大常委会第七次会议决定，分别将每年的 9 月 3 日确定为中国人民抗日战争胜利纪念日，将每年的 12 月 13 日确定为南京大屠杀死难者国家公祭日，以怀念在抗日战争中为国捐躯的英烈和死难的同胞们。随着中华民族伟大复兴的进军号角，大力弘扬中华优秀传统文化，成为每一个炎黄子孙十分紧迫的伟大使命。我们已经恢复了一年一度、延续了 2500 多年隆重的祭孔大典；恢复了祭祀人文始祖黄帝、炎帝的大典；恢复了祭祀许多古圣先贤的典礼。蕴涵着中华文化基因的中华优良传统，一定会在我们这一代发扬光大。2013 年 5 月 4 日，习近平主席在同各界优秀青年代表座谈时指出："现在，我们比历史上任何时期，都更接近实现中华民族伟大复兴的目标，比历史上任何时期，都更有信心、更有能力实现这个目标。"

后 记

孝道是炎黄子孙的文化基因，在我年届花甲之际，欣逢盛世，国家重新把孝道作为中华民族的传统美德加以礼敬。我为尽绵薄之力，特撰《礼敬孝道》一书，给正走在中华民族伟大复兴大道上的华夏儿女加油助力。

在成书的过程中，得到了全国国学机构联盟执行理事长韩歌子先生的大力支持；得到了湖北省政协原秘书长王树华老领导的关心和指导；得到了美中专家会湖北（襄阳）分会会长石和平、襄阳诸葛会会长张平、知名企业家马明杰、北京文化名人高峰、襄阳企业家杨秀启、老同学杨天德等朋友的鼎力相助，在这里表示衷心的感谢！

尊敬的朋友们：让我们携起手来，薪火相传，把中华民族的传统美德发扬光大，造福子孙后代，让中华民族的明天更加光辉灿烂！

作者辛丑年初夏于襄阳闲士居

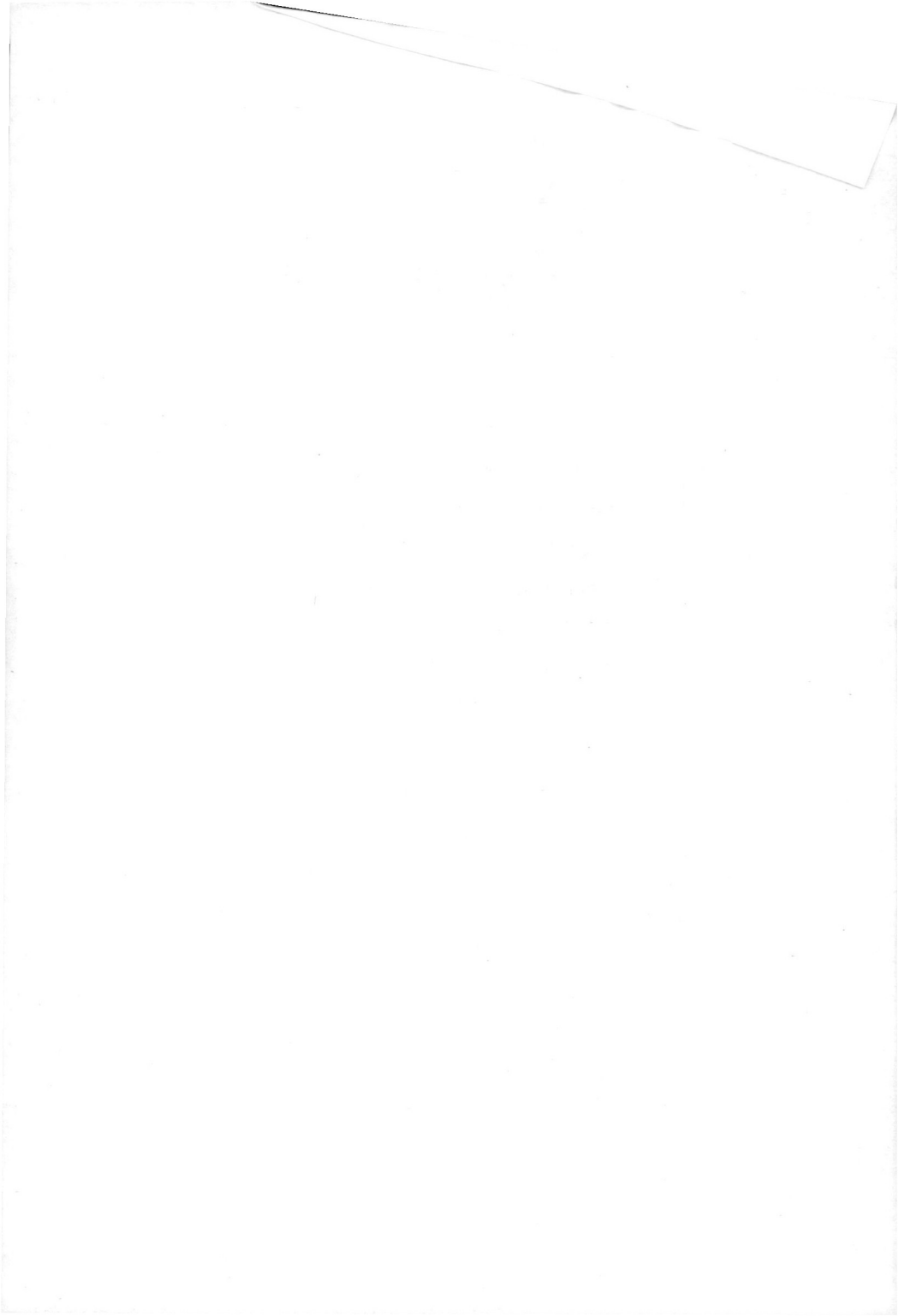